風の里から——原発事故7年目の死

——現代（いま）、地球上に生きている、
「私たち人間」すべてが、
未来に対して責任を負っている。
問題を先送りしてはならないよね——

はじめに——ただちに健康に影響はありません

２０２１年３月11日、福島第一原発事故から10年目の日、福島の空は穏やかに晴れ渡り、いずれのテレビ局も、10年前の災害特集をセレモニーのごとく流していた。その前日、国連からは、10年前繰り返し流された「ただちに健康に影響はありません」に重なるように、「フクシマ原発事故と健康被害の因果関係はみられない」との声明が出された。その陰で、２０１８年７月14日、福島第一原発より65キロ離れた風下の里に住んでいたひとりの女性が、きっちり７年後に急性骨髄性白血病を発症、４か月の闘病の後に死亡していた。

彼女は、そのつらい闘病生活の中で、一つの文章を書き残した。

「風の里」から思うこと

「安心・安全」。原発産業は、その言葉を基本に発展させてきた。いろいろな反対は、金力や権力で押さえつけ、原発交付税は、目くらましのように住民を眠らせてきた。心の片隅の不安はタブーとして封印して…。あの震災から7年たち、原発から65キロ離れたこの里でも、良い放射能説、無害説が飛び交い、低線量被曝については、話すと口寂しくなるので、誰も口に出さなくなった。私自身、原発事故後、何か身体がかったるく、「原発ぶらぶら病かしら」*と話しても、笑われるか、無視されるかが関の山だった。それが、7年目の3月13日、歯茎から出血、そこからはっきりとした異常が判明。顆粒球性骨髄ガン、急性骨髄性白血病で、DIC（播種性血管内凝固症候群）状態と診断された。入院後の検査と治療、抗ガン剤投与の7日間は、私にとっては闇の中の出来事。地獄の底をさまよい、化学療法を経て、病日21日目、やっと、閉眼と開眼の区別がつくようになった。髪の毛が抜け始めた。

「白血病と、原発事故との因果関係は不明」との答えは目に見え見えだが、それにしても周りに甲状腺ガンや他のガンに罹患している人が多いこと、同じ町内で立て続けに3人も白血病発症を目にすると、やはり一言、言わずにはいられない。

工業発展の中で公害を明らかにしてきた日本、公害衛生医学が発達している日本だからこそ、福島で発症している甲状腺ガンやその他のガン、白血病患者の把握と、原発事故との因果関係を検証しない限り、「安全・安心」は絵空事ではないだろうか。このままでは何も収束しない。事実を直視すること。謙虚に、事実を検証していくことが求められている。現代（いま）、地球上に生きている、「私たち人間」すべてが、未来に対して責任を負っている。問題を先送りしてはならないと、切に思う。

田中正造翁の言葉が、わが事として、心に浮かぶ。

「百年の悔いを子孫に伝えるなかれ。真の文明は、山を荒らさず、川を荒らさず、村を破らず、人を殺さざるべし」

私が、自分の身に起こったこと、見たこと、聞いたことを記していることにも、何か意味があるだろうか？

＊広島原爆被爆者の、疲れやすく体がだるいという訴えや症状。肥田舜太郎医師が調査研究。検査では異常なしと診断され、「原爆ぶらぶら病」と怠け者のレッテル張りをされたことなどを模して「原発ぶらぶら病」と表現。

東京で40年間看護師として働き、故郷に戻ってきた彼女は、この地を心ひそかに「風の里」と評し、その日常を日記にしたためた。「風の里」の風景は50年前から変わらない。同じ場所に同じ数の家があり、田畑があり、墓地がある。華美を嫌い、質素を尊ぶ村人たちは、寡黙な眼差しを向けながら、黙々と父祖伝来の地を耕す。彼女も実家の農作業に勤しみながら素朴な日常を記録した。それは、原発事故後も同じであった。

この書は、一人の被災当事者の目に映った、「ありのままの記録」である。一個人の、狭い経験上のことであるかもしれないが、一つの時代の事実であり、証言でもある。そんな名もなき民の小さな声に耳を傾けていただけたら、それは彼女にとって何よりの喜びであろう。

なお、この書は実在した女性の日記を元に再構成した、〝セミ・ノンフィクション〟である。基本的に彼女の記録を尊重したが、プライバシーその他の状況も鑑み、登場人物、地名等、すべて変更を加えていることをお断りしておきたい。

日記に登場する人々

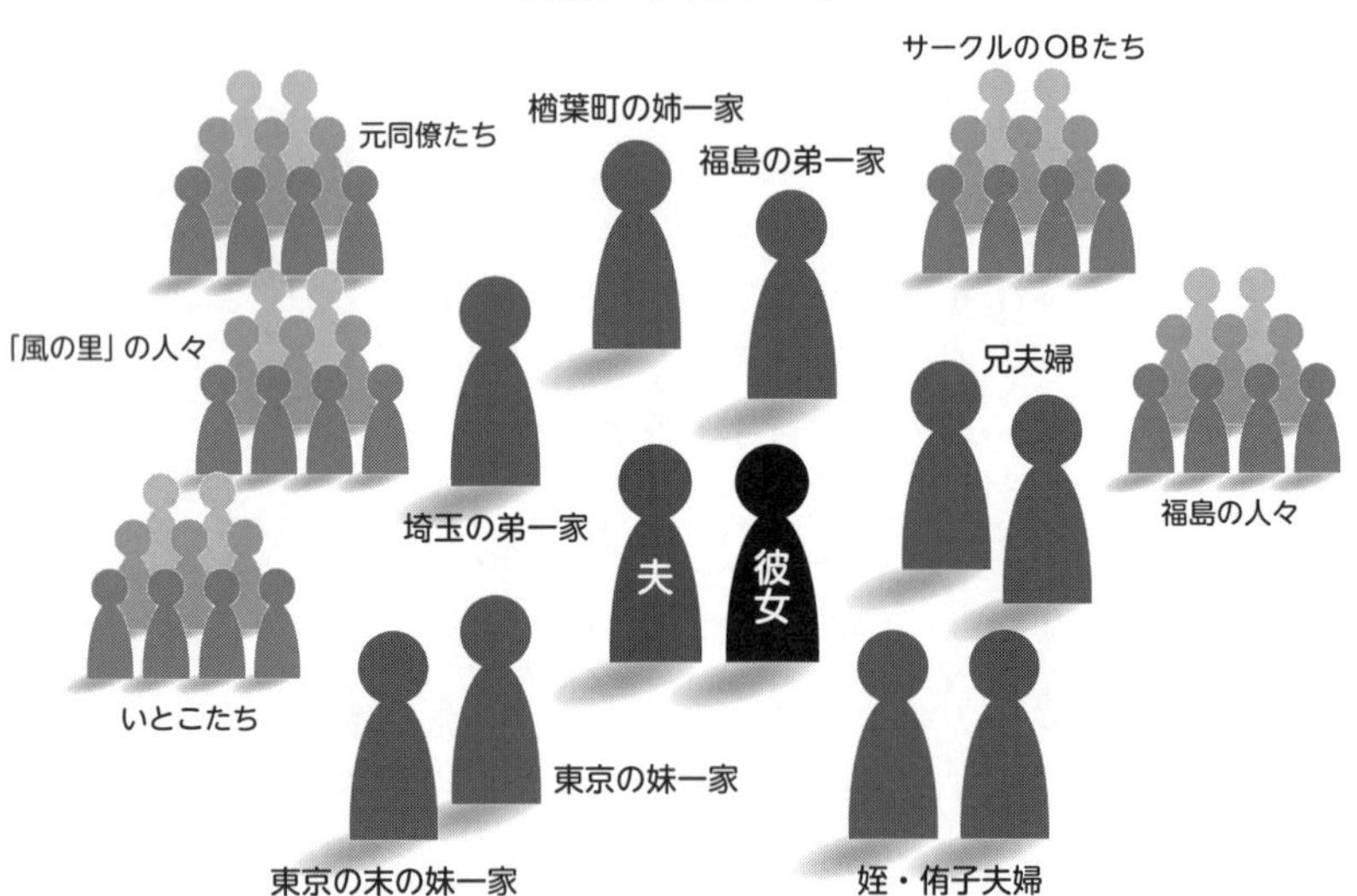

目次

放射線、放射能の単位

Sv（シーベルト）：放射線を受けたときの身体への影響の度合いを表す。シーベルトの1000分の1がmSv（ミリシーベルト）、その1000分の1がμSv（マイクロシーベルト）。

Bq（ベクレル）：放射能の強さを表す。通常、ベクレル／平方センチメートル、ベクレル／キログラムなど、面積や重量あたりの放射能の強さを表すときに使う。

序章　「風の里」の四季

浜通り、中通り、会津地方と三つに分けられた福島県は、それぞれ異なる表情を持っている。言葉や風習や産業も異なる。「風の里」は、中通り、福島盆地北部に位置し、東に阿武隈高地、西に奥羽山脈を望む肥沃な農村地帯である。

「風の里」の南側には阿武隈川が流れ、風や雨の強さなどは、この川を境にして微妙に変動する。土地の人々は、「川西地区」「川東地区」と呼び分け、「川東は雨が強かったようだ」などと語り合う。盆地特有の夏の高温と強い陽射し、冬の寒さ、里山からつながる阿武隈川流域の水はけのよい栄養豊富な土壌は、サクランボ、桃、リンゴ、ブドウ、梨など果物の甘味を増す。四方を山に囲まれたこの地は、一年中風が吹き渡る。風向きは絶えず変化し、真冬には風速10メートル以上、時に20メートルにもなる西北西の強烈な風が吹く。

そのような四季の中、人々は自然と共に生業を営む。

春、里山は淡くけぶり、めくるめくように一気に表情を変えていく。河津桜、梅、ショウジョウバカマ、山スミレなどの花々が次から次へと咲き、桜が満開となる。桃畑では、摘花、摘蕾（てきらい）作業が行われる。水芭蕉、山桜、山吹、コブシ、花桃、シャクナゲ、二輪草が咲き誇れば、リンゴも花盛りとなる。吾妻山に「種まき兎」[*1]がくっきり浮かび上がれば、田起こしが盛んになる。姫タケノコ、ワラビ、コゴミ、葉ワサビ、ウド、山椒、ウルイ、フキなどの山菜が食卓を飾る頃田植えが始まり、桃畑では摘果作業が行われる。

夏、早生から晩生まで多種多様な桃の収穫が7月から9月初めまで続く。まだ山の頂きを濃霧が隠している早朝4時から行われる桃畑での農作業。収穫、選別、出荷と一連の作業が終わる8時頃にはもう真夏の強い日差しが照り付ける。時には、40度近くという最高気温も記録する。

桃出荷最終段階の9月初めともなれば、朝夕めっきり涼しくなり、気温が15度くらいまで下がる日も出てくる。台風一過の秋日和、柔らかな陽の光と夕方の涼しい風が心地良く、日の入りは5時、太陽が正確に西山の南に入っていく。アキアカネが交尾しながら舞い、コスモスの花盛りの下、稲刈りや、ブドウ、梨などの収穫が行われる。やがて、刈り取りの終わった田んぼに藁を焼く煙が四方から上がる。裏庭に植えたエゴマがはじけ、柿の収穫も始まる。菊の花が咲き、桜、楓の葉が色づき、秋は次第に深まっていく。

ザクロの実がはじけ、里山の紅葉が濃淡のグラデーションを見せる頃、霜が降りてくる。この地では、「西山に3回雪が降れば、里にも雪が降る」と伝えられている。西山から風花のように小雪が舞い降り、時雨がみぞれに変われば冬の到来だ。もがり笛[*2]が冬の空に響く。朝は冷え込み、氷点下の日々が続く。里人は、結露防止の準備をし、年越しを迎える。真冬、木々の葉一枚一枚に氷がつき、夜半から吹きこんだ雪で窓やテラスまで真っ白になる。風の強い日は雪だまりができる。一日中寒い風が吹く日もあれば、静かで温かい日もある。そんな日は、裏庭に狸も姿を見せる。里人は、長い冬を「一閑張り(いっかんば)[*3]」など手仕事に励む。

そして、再び春がやってくる。農作業の始まりだ。
東の空を見上げれば、霊山(りょうぜん)など阿武隈高地の山々が遠くにかすむ。福島第一原発から北北西方向65キロのこの地までいくつもの村や町があり、一直線上に「帰宅困難区域」が点在している。それらは、いずれも、人々が昔から山の恵みを受けながら暮らしていた、阿武隈高地の山襞の道筋、風の道、風の谷の中にある。

（彼女の手記より抜粋）

＊1　種まき兎：この地では吾妻小富士の残雪が「雪ウサギ」に見える頃が種まき時とされてきた。
＊2　もがり笛：木枯らし。
＊3　一閑張り：日本の伝統工芸品の紙漆細工。竹や木で組んだ骨組みに和紙を張り重ね、柿渋を塗って防水加工処理を施す。

第1章　東日本大震災と原発事故（2011年3月）

2011年3月11日、東日本大震災が起こった。マグニチュード9、震度7という巨大地震のすぐ後に、北海道から関東地方にかけての太平洋沿岸各地は、2・7メートル以上から、9・3メートル以上という大津波に襲われた。津波は、黒い濁流となってスローモーションのようにゆっくりと家や人を飲み込んでいった。福島より300キロ以上離れた東京でも、人々はその揺れの大きさに驚愕した。都内の交通機関はストップし、テレビの画面には帰宅難民の姿が繰り返し報道された。

大混乱の中、追い打ちをかけるように、福島第一原発事故が起こった。しかし、その事故の状況や避難行動をとるための情報が適切に伝えられることはなく、被災地住民は、停電、家屋被害、テレビの破損等で情報遮断の中におかれていた。その後も余震は絶え間なく続いた。それは、「風の里」に住む人々にとっても、震災被害当事者として経験する初めての出来事であった。

3月9日　11時45分、地震。震度4。ガタガタと大揺れに揺れる。洗濯物を干している時でびっくりする。それにしても寒い一日。春はまだ遠い。

3月10日　今朝も雪うっすらと積もる。夜中から朝にかけ3回地震あり。余震か?

3月11日　午後2時46分。ちょうど福島市へ車で向かう途中に、震度6の巨大地震にあう。大揺れに揺れる大地。立っていられないほど長く続く。マグニチュード9。有史以来と言われる。岩手、宮城、福島、茨城、10メートルを超える津波で壊滅的な被害となっている模様。余震3レベルが、何回も何回も押し寄せてくる。停電。家のなかはメチャクチャ。町会集会所に避難する。

3月12日　昨夜は寒かった。朝起きると、一面、雪で白くなっている。地震被害は想定外のひどさ。少し片づけに家に帰るも、余震が続き作業ができないのでまた集会所に戻り、もう一夜お世話になることとする。炊き出しの恩恵を受ける。電気が復旧したので、コタツが使え、昨夜ほどの寒さは回避できた。楢葉町の姉と連絡取れず心配。電話は、ほとんどつながらず。

3月13日　朝、昨夜作ったご飯をおにぎりにして、避難所の皆でいただく。今日は気温が16度まで上がり、晴れて暖かいので、家に帰り片づけ始める。台所を何とか片づける。ずいぶんと物がなくなってすっきりとした。とにかく住めるように居間と台所の片づけをしなければならない。余震は相変わらず続く。テレビで、被害の状況見る。津波の画面、目をそむけたくなるよう。仙台市名取川の黒津波、家々を飲み込んでいく非現実的な光景が広がっている。釜石も、南相馬市も津波に飲まれていく。それと、福島原発の事故が明るみに出て、不安が倍増する。ここは原発から65キロ離れているが…。

3月14日　ようやく姉と連絡取れる。会津田島に避難していることがわかりホッとする。10代からの旧友、愛知の紀子、東京の岡本、東京時代の職場同僚など、いろいろな人から電話が入るようになったが、ここからの発信は難しい。片づけ、1階部分は目途がたった。東京の妹からも電話が入る。「電気がついて自宅に戻ったこと、隣接する兄宅の屋根瓦が落ちたこと、ガ

3月11日

14：46	三陸沖を震源とする大地震発生（マグニチュード9.0）
14：49	気象庁が岩手、宮城、福島に大津波警報を発令
14：55	津波第1波到達
15：30	福島第一原発1～3号機が地震により停止
15：37	1号機が全電源を喪失。その後、2、3号機も全電源喪失。これにより緊急炉心冷却システムがストップ
15：48	9.5m以上の津波到達
19：03	原子力緊急事態宣言発令
21：23	政府が福島第一原発から半径3キロ圏内に避難指示、3～10キロ圏内に屋内退去指示

3月12日

00：06	1号機の格納容器内の圧力上昇
05：44	福島第一原発の避難区域を半径10キロ圏内に拡大
09：15	1号機でベントを実施
14：30頃	1号機の格納容器内の圧力低下を確認。ベントにより放射性物質が外部に排出と判断
15：29	1号機付近で放射線量が異常上昇（1時間あたり1,015マイクロシーベルト）
15：36	1号機が水素爆発
18：25	避難指示範囲を半径20キロ圏内に拡大

3月13日

05：10	3号機で原子炉を冷やす給水システムが全停止
09：20	1号機に続き、炉心溶融（メルトダウン）の可能性が高い3号機でベントを開始

ラスは割れていないが、室内は倒れたもので散乱。食器などはほとんど割れ、居間の壁に亀裂が入っている。給湯器壊れ、風呂に入れない。ガソリンが底をついたが、売っていないため車も動かせない。水が出ないため、毎日給水車に水汲みにいかなければならない。食品の備蓄はあるので当分食べることは大丈夫。町内ではテレビが壊れて情報遮断されている家も多い」など、こちらの状況を話した。一方、東京は「電話が一時不通となった。向かいの家ではガス自動停止。復旧の仕方がわからず助けを求めにきた。夫の会社付近は、液状化でマンホールがせり上がり水道管破裂で水浸しの状態になって帰宅できなかった。長男は3時間歩いて深夜帰宅した。小学校教員の姪は、帰宅難民対応のため夜小学校に詰めた。釜石の親戚とは連絡とれない…」等々の様子。今日は、最高気温は19度、西北西の風。晴れ時々曇り。温かいので身体の負担少し軽減あり。

3月15日　朝、いわきに実家のある山田さんが電話の後、来宅、一緒に朝食をとる。10時過ぎ、これから、福島からいわきを巡って様子を見てくるという。ガソリンを入れながらの移動だが、ガソリン手に入らず苦労とのこと。弁当を持たせる。ガソリン入手についての苦労は夫も同じ。今日は比較的暖かであったが、明日からは真冬なみの寒さに入る。2階の衣類部屋、ベッドルーム片づける。隣りの義姉から「自分の所の風呂は大丈夫だから入りな」と誘いあり、もらい風呂する。

3月16日　今日は寒い。強い冬型の気圧配置で西風、北風が強まった。雪が降る。2階の書斎部屋、やっと目鼻がつくも、夫の書類の片づけは終わらず。今日も、兄宅で風呂もらう。東京

時代の同僚、亮ちゃん、京子さんたちから電話あり。京子さんは、福島の須賀川に親戚がいるが、放射能はどうかと心配している。相馬市の高田君は震災時、船岡にいて、無事を確認できた。東京では、計画停電や、トイレットペーパーや食料品の買い占めに長蛇の列がテレビに映る。情報に振り回される人の姿と、情報を得にくい中、厳寒の地で食べ物もガソリンもないところで過ごしている被災地の私たちと…。何か哀しい。

10：00頃	原子力安全保安院が1号機について、冷却するため海水注入を行っていると発表 3号機、圧力容器破損。燃料棒一部露出
13：12	3号機に海水注入を開始
20：00頃	東電の社長が初の記者会見

3月14日

11：01	3号機水素爆発。原子力安全・保安院、原発から20キロ圏内に屋内退避を要請
12：40	枝野官房長官、「放射性物質が大量に飛び散っている可能性は低い」と会見
13：25	2号機で炉心を冷やす水循環システムが作動しなくなり、炉内の水位が低下
18：22	2号機に海水注入も水位は下げ止まらず、燃料棒が2時間以上にわたって露出状態となる
20：37	2号機の圧力容器内の圧力が上限近くとなったため、弁を開放し放射性物質を含む蒸気を外部に排出し始める
21：00頃	枝野官房長官が1～3号機について炉心溶融（メルトダウン）の可能性大と会見
21：37	福島第一原発の正門付近の放射線量が1時間あたり3,130マイクロシーベルトと、過去最高を観測

3月15日

00：00頃	2号機で高濃度の放射性物質を含む蒸気を外部へ排出
00：20	北茨城市で大気中の放射線量上昇を確認
05：50	北茨城市で、大気中の放射線量が通常の約100倍に
06：10頃	2号機水素爆発 ※2号機の爆発後、大量の放射性物質が風に乗り、7～11時、13～15時の2回、北西方面に帯状の高濃度汚染地域を形成
06：14頃	4号機水素爆発

姉から電話。同じ楢葉町の知人が家族6人で自動車1台に乗り避難中、喜多方で立ち往生している。雪も多く、ガソリンもなく、今夜の宿を手配できないかと。会津の片岡さんに電話。そのつてで、宿の手配はできたがその後連絡とれず。携帯電話の電池が切れたらしい。メールで宿の電話番号は送信したが、いつそれを見ることができるか。無事を祈るしかない。

町会の恵子さんの孫は希望高校に無事合格。よかった。

福島第一原発3号機にヘリで海水投入。放射能汚染で、原発30キロ圏のところで、救援の足が止まっている。午後9時55分、地震あり。震源地は茨城県沖。震度4。地震にあまり驚かなくなっている。

3月17日　積雪あるも昼頃には消える。度々余震あり。今日も、かつての同僚3人から心配の電話あり。風呂の給湯器入る。2階の書類整理。街の防災システム開始。紀子から、復興支援・物資提供バザー企画のFAXあり、返事出す。紀子の行動力には脱帽である。農協から家屋の被害状況調査あり。近所の卓夫さんから大根と野菜いただく。早速イカと煮て食べる。

3月18日　朝6時18分、再び地震。余震続く。今日も一日片づけに終わる。従弟の満男さんの車で町へ買い物。品薄を予想していたが、商品の多さに逆にびっくりする。夕食は兄宅で満男さん差し入れの刺身でご馳走になる。震災死亡者6500人超える。行方不明者を加えると何名になるか。原発事故、いつになったら収束するか。不安のみ倍増する。福島はまだ断水状態。多くの人が給水車に並んでいる。妹から電話。今日やっと釜石の義兄やその家族と連絡とれたという。所有ビルや家は津波で流されたが、家族は全員無事避難できた。防災センターではなく、山の上の神社に逃げ助かったという。良かった！

3月19日　ここからおよそ22キロ先の川俣町の牛乳、ホウレン草から基準値を上回る放射能値出て出荷差し止めという。これからいろいろな影響が出てくるか。侑子（筆者注：姪。兄の長女）が夫と来て、兄宅の2階片づけ、タンスなどの固定を行う。一緒に点検する。2階部分の壊れ方ひどい。壁など落ちているところあり。修繕が必要と話す。義姉、体調不全の様子。侑

08：31	福島第一原発正門付近で毎時8,217マイクロシーベルトを計測
09：38	4号機の建屋で出火
11：00頃	半径20～30キロ圏内の屋内退避指示

3月16日

05：45	4号機の建屋から出火
08：00頃	福島市で通常の500倍の放射線量を観測。茨城県や東京都などでも通常より高めの数値を観測したが、専門家は「すぐ健康に影響が出るレベルではない」
10：30頃	3号機付近から発煙
17：56	枝野官房長官が、福島第一原発から20～30キロ地点の放射線量について、繰り返し「ただちに人体に影響を及ぼす数値ではない」

3月17日~

3月18日、日本気象学会会長「放射性プルームの動き、風や雨による汚染等について、みだりに自分の意見を述べるな」と発言。

3月20日、放射性プルーム、福島県北部、宮城県、岩手県南部、関東地方へ飛散。午後、雨雪。

3月21日、2号機、3号機より白煙。同日夜から22日未明、プルームは茨城沿岸から千葉を通り南下。この時間、関東地方は広い範囲で雨が降り、*1ホットスポット出現。

3月24日、1号機から白煙。*2スピーディで放射性物質放出量は3万テラベクレルから11万テラベクレルと推定された。最悪の場合、東京を含む250キロ圏内が避難対象になったという

＊1　風向きや地形により年間の積算線量が高くなる地域。
＊2　緊急時迅速放射能影響予測ネットワークシステム。

上記の年表は『報道写真全記録2011.3.11-4.11東日本大震災』（朝日新聞出版）、『プロメテウスの罠―明かされなかった福島原発事故の真実』（朝日新聞特別報道部 著、Gakken）等をもとに作成

子、母の様子を気遣っている。

3月20日　気分転換に近くを散歩。同じ町内の友人たち、篤ちゃん、サトちゃん、咲ちゃん、キヨちゃんと話す。篤ちゃんとはほぼ毎日会っていた仲良しだが、震災後初めて落ち着いて話せた感じ。東の道、ひび割れひどく、西の畑に通じる道もひび割れあり大変。四方の道がやられている。原発放水中というも、どうなるのか。飯舘村でも、水から基準値以上の放射能値検出。これから汚染どこまで続いていくのか心配はつきない。65キロ離れたこの地は大丈夫なのか。兄、口を閉ざす。

3月21日　朝、隣の兄宅を覗くと、義姉37・3度発熱。疲れが出たのだろう。咳も気になる。「休むことを一番に」と話す。私も今日は片づけなど全部休みとした。国、ホウレン草、原乳の出荷制限指示。「原発被害は大丈夫か」という電話多数入る。皆心配してくれている。「今のところ大丈夫」としか言えない。宅配便やっと営業開始。だがセンターへ自分で持ち込まないといけない。楢葉の姉家族、避難先から明日東京へ行くことを決断したとのこと。少し足腰伸ばせる環境が必要だし、メンタル的にも良いと思う。篤ちゃん来宅。東京都石原都知事、ネットで防災条例発令、自己責任論を振りまいているという。私も東京在住時、彼のことは知っているので、他者の痛みへの想像力の欠如、傲慢さに心冷える。

3月22日　昨日、第2・第3号機から煙。放射線量アップ。原因わからずという。電源は復帰したのか？　今夕からまた放水というが？　海水も汚染されているという。従弟の博一さん、兄宅を見舞う。東京の先輩からの電話中に余震あり、途中で切る。その後も、東京の友人たち、放射能汚染を心配して電話くれる。智代さんからは、勤務先の病院の様子知らせてくる。地震で数億円の被害とか。どこも大変である。

3月23日　侑子来る。特に何をする訳でもなく一日終わる。ガソリン2000円分入れる。東京では、金町浄水場からヨードなど検出。水道水を乳児には飲ませないようにという放映あり。飲料水入手に人々殺到。さらに福島産の野菜の摂取制限指示あり。それが今後どのように広まるか。桃や米、これから始まる農作業、どうなるのか。風評被害*を皆心配している。農家はふんだりけったりである。選挙は予定通り行われるとか。

＊「福島の一部地域の野菜、原乳、魚などから放射性物質検出」報道と同時に、出荷制限食品だけでなく、福島県産農産物全体の購買拒否、忌避が起こった。

3月24日　従弟の盛さん、「福島の親戚宅に行く途中」と寄ってくれる。何もないので、アンポ柿をあげる。役に立てばよいが…。町の工務店経営の従弟、典夫さん来て、近所の博さん、福島市に住む弟3人で、兄宅の瓦の片づけと屋根の重しを修正してくれる。兄は黙々と桃の消毒をするも、寒さで噴霧後、液が凍ってしまう。大丈夫かしら。今日も寒い一日となる。

3月25日　震災後2週間たつ。近隣の地震被害はその家その家で異なるが、兄弟親戚皆がそれぞれに助け合っている。裏の桃畑、「あかつき」摘蕾時期になっている。朝、兄宅の片づけ少し手伝い、9時頃から摘蕾行う。午後2時頃雨が降ってきたため中止にする。夕方は雪が降る。原発30キロ圏内自主避難方針出る。水の汚染は広範囲に広がり、野菜の被害も拡大しているという。どこまで広がるのか、心配。喉が痛い。風邪かしら。

3月26日 午前小雨、午後晴れるも、風あり雪飛んでくる。元同僚、合田さんからハガキ届く。亮ちゃんと電話で話す。仁くんから電話。陸前高田市の征子さんの親戚3人亡くなったと。無残。私は、体の具合、今一つ。喉が痛く眠くて仕方がない。今日は、とにかく寝ることとする。

3月28日 弟と裏の畑の「あかつき」摘蕾を9時30分から午後3時まで行う。神田くんから手紙が届く。東京も大変だったということ、その手紙でわかる。

3月29日 今日は摘蕾日和となる。午前9時から午後4時まで東の畑の「あかつき」摘蕾。風、時々あるも、静かな一日。東京時代の同僚・鈴木さんからチョコレート送られてくる。岩田さんからも電話あり。皆の心遣い、本当に有難く思う。地震後、避難しやすいように1階の部屋で寝ていたが、今日からまた2階の寝室で寝ることとする。

3月30日 午前のみ摘蕾。午後は休み、藤沢周平の本を読む。原発問題、地震・津波被害地の問題、何の進展もない模様。遺体の回収もできず、放置されている模様。放射能値1万ベクレル/キログラム*とか。火葬も埋葬もできないとは何ということだろう。

*災害廃棄物8000ベクレル/キログラム以下でなければ処理できない。

3月31日 終日、摘蕾。東の畑の「あかつき」終わり、裏の畑の「日川」の摘蕾に入る。風少しあるも暖かく、作業進む。東京に避難した楢葉の姉一家、いわき市へ移るという。長い3月が終わった。

第2章　続く余震、放射能汚染の不安の中で（2011年4月～12月）

続く余震、原発事故による放射能汚染、風評被害という初めての経験。色も臭いもない放射能が、地震では大きな被害がなかった自分の家の上を覆っている、という目に見えない重圧感。さまざまな情報が断片的にもたらされるが、「本当のことがわからない」という不安やもどかしさの下で、野菜や原乳の出荷停止・解除に一喜一憂しながら、里人たちは黙々と農作業に向かっていた。しかし、7月前半は猛暑、後半は台風による集中豪雨、洪水多発と、自然は容赦なく被災地に襲いかかった。

その一方で、国は、許容放射線積算量を年間20ミリシーベルト以下に設定、「帰宅解除への工程表」もいち早く作成していた。放射線による健康被害の把握は、その流れの中にのみこまれ、見えなくなっていくようであった。国は、12月には「事故そのものは収束に至った」と事故収束を宣言した。

4月1日 午前、東の畑の「日川」の摘蕾を、弟と夫と行う。温かく摘蕾日和。義妹のお姉さんから、羊羹など菓子詰め合わせ、見舞いとして送られてくる。心遣いに感謝。秋田で内陸部地震あり。震度5。

4月3日 田植えの準備第一段階の「いさらい」*、兄たち行う。摘蕾を少しするも、冷たい風が強くなり、1時間ほどで中止する。姉、避難場所を転々としていたが、いわき市のマンションに居を決め、荷物も持ちこめたという。これで一息つけるか。今日は、例年なら、村の神社の祭礼の日だが、震災で自粛中止。冷凍庫の中も品切れ目前となる。

*いさらい：水田のあぜ、用水路のごみなど取り除く作業。

4月4日 今日はとても寒い。摘蕾は1時間で中止、墓地を見に行く。家の墓石は無事だったが、完全に倒壊している墓石も多い。大井さんの墓石はとくにひどい。

4月5日 摘蕾、今日で終わり。今日は暖かい陽射しあるも、時折冷たい風が吹く。元同僚の肥田さんと電話で話す。皆、我が事のように心配してくれている。本当にありがたいと思う。

4月6日 定期通院。レストランでスパゲッティを食べ、美知ちゃん宅でお茶ご馳走になり、羽田さん、佐藤先生、キミちゃん宅など知人宅回り、それぞれの様子を聞き帰宅する。何となく疲れる。キミちゃん宅、居住危険の「赤紙」*張られている。避難している模様。兄宅の屋根の修繕は中旬には行われるようだが、他の家はいつになるか。資材調達も大変とか。

*赤紙は「危険」、黄色い紙は「要注意」、青い紙は「調査済み」の印。

4月7日 東京の岩井さんから救援物資届く。今日から田を耕す許可が出て、まわりは大忙し。夜11時56分、震度5強の余震あり。びっくりして起きる。本崩れ落ちる。その後何となく身体が揺れているようで、なかなか眠れず。宮城県沖、震度6強。3・11の余震という。

4月8日　町会の房子さんから牛乳[*]もらい、訪ねて来た英子さんにも一つあげる。岩井さんからいただいた見舞い品のおすそ分けもする。従弟の武夫ちゃんたちは長野に避難している様子。人の原発への不安、はかり知れないものあり。

＊原乳3月23日出荷停止。4月8日一部解除。

4月9日　小雨降る一日となる。7日の地震で崩れた本の片づけをする。2階の居間、床がずいぶんきしむ音がするようになった。見てもらったほうがよいか。部屋にある書棚、いらない本は下におろし処分しよう。隣町の堀江夫妻来訪、イチゴをいただく。その後、福島市の岡田さんも来てくれて、夜8時頃まで話す。

4月10日　今日は暖かい一日、何をするでもなく過ごす。都知事選、石原慎太郎当選。「天罰」発言などあっても、原発事故あっても無関係、とマスコミは言う。彼のこれまでの傲慢な暴言[*]の数々が蘇える。そして今回は、息子が父に対し「余人をもって代え難い」と、都知事選出馬を促し…と。都民はまたこの男を再選したのか、と思ったら目の前が暗くなった。私だけの好悪感情か。強いものへの服従、それは大衆の願望か。何ともやりきれない思いでウツになりそう。春なのにメランコリックとは。自分を奮い立たせる何もない。午後4時、気分転換に散歩に出る。桃の蕾が大きくなり開花準備だ。

＊「何が贅沢といってまず福祉」、「女性が生殖能力を失っても生きているのは無駄で罪。文明がもたらした、もっとも悪しき有害なものはババア」、重度心身障害者に「ああいう人って人格があるのかね」、「戦争協力に自治体は命を投げ出すぐらいの覚悟が必要」、「日本が植民地争奪戦争に参加したおかげで戦後かつての植民地が独立した」、「日本はやろうと思ったら、核兵器を2年で持てる」などの発言。

4月11日 とても寒い。秋田のほうは雪の予報。余震こまめに続く。念のため、貴重品まとめて避難準備しておくか？ 侑子来て、一緒に車で隣町等の状況見て回る。どこも相当の被害あり。震災から今日で1か月。何も進んでいないように思う。一日も早い原発の収束を願わずにいられない。午後5時過ぎ、震度6弱の地震あり。その後の余震も多く、揺れ、たびたび感じる。

4月12日 毎日地震が続いている。震度6弱。今日あたりからストロンチウム＊が出ていることがわかり、飯舘村避難計画地域に、月舘、山木屋なども対象になるらしい。霊山の山並みの向こう、いずれもこの地と福島第一原発を結ぶ東南方向一直線上にある。放射能値は毎日報道されるが、五感に何も訴えないのだ。

＊ストロンチウム90：放射性物質。「半減期」29年。カルシウムと性質が似ていて体内に吸い込むと骨に蓄積しガン（骨腫瘍、白血病）を引き起こす恐れあり。60キロ離れた福島市内でも検出。原発の北西方向で高い値になる傾向にあることが判明した。

4月13日 天気が良いので庭の草むしりする。東京の妹たちから、15日来るとの連絡あり。今日の放射能値報道。ホットスポットは第一原発からまっすぐ北北西に点在。この地のすぐ手前まであり。当地は、地面から1メートル0・9マイクロシーベルト　1センチ1・2マイクロシーベルト。国の言う年間20ミリシーベルトには至らず、他に比して低いが、事故前の0・11マイクロシーベルトよりは高い。保安院*、震災をレベル7と暫定評価したという。

＊保安院：原子力安全保安院。2012年9月19日廃止。原子力規制委員会に移行。

4月14日　社協主催のいきいきサロンは中止。余震続きで行事や計画が中止となることが多い。午前中に草むしりを終え、午後は隣町の吉田さん宅にお見舞いに行く。途中、地震で陥没した道路の工事あり。遠回り、迂回しながら、地元の人に何回か聞いて、やっと行き着く。

4月15日　東京の妹、埼玉の弟夫婦が来る。とても暑く良い天気となる。日焼けしそうな中、皆で柿酢を絞る。樽に6個ほど、ずいぶん多くできる。夜は福島の弟親子も来て宴会となる。論争ひとしきり。皆よくしゃべり、よく食べる。

「原発1基の破壊力は水素爆弾の500倍から2000倍って言うね。地震災害の多い日本に原発はいらないって、子どもでもわかることだね。」

「原発立地の住民は原発で潤ってきた。人口7000人で、1万1000人の町よりはるかに多い予算をたてることができた。今、何の恩恵も預からなかった市町村が被害を受けている。立地地の責任はどうなんだろう。」

「そうは言っても、福島原発で作られた電気を使っていたのは東京人。地元は使っていない。」

「原発は国策で作られた物。そこを見ないと、末端での非難の応酬になってしまうよ。」

2011年9月30日時点の「警戒区域」と「計画的避難区域」（福島県HPより）

●は「ホットスポット」とも呼ばれ、風向きや地形により1年間の積算線量が高くなると予想された地域。

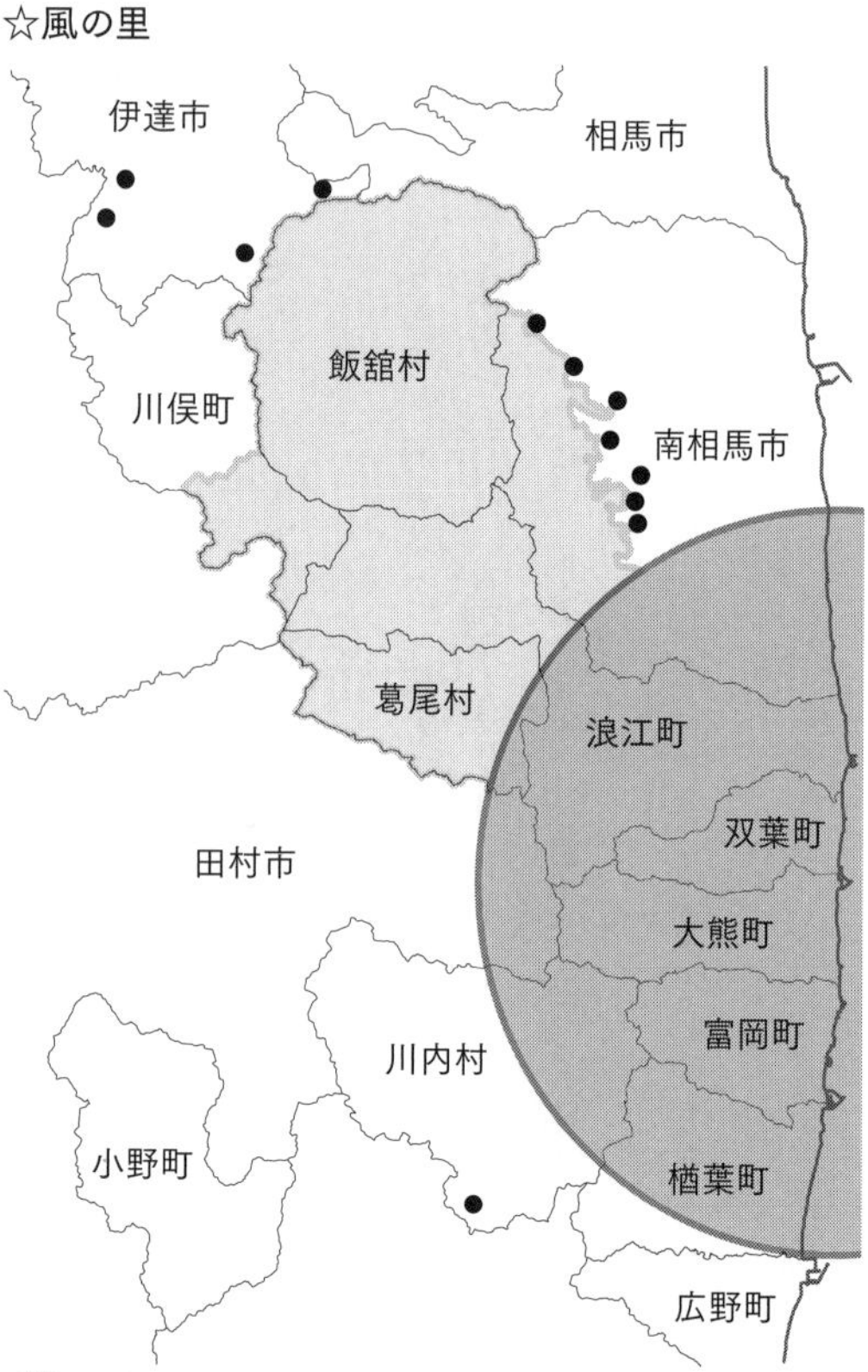

警戒区域
計画的避難区域
● 特定避難勧奨地点がある地域

兄弟もそれぞれ住む地が違うと、微妙に気持ちが分断される。柿酢作りもあって疲れた。余震相変わらず続く。

4月16日 皆で、福島市の花見山散策に行く。震災で制限もあり、例年よりは少ないが、それでも1万人の人出。車の渋滞に巻き込まれる。風強くも、花見山は花盛り。一気に咲いた花で、華やかに、まぶしく光っている。帰ってからまた柿酢を漉す。今日も夕飯時、兄弟5人でいろいろ話す。

「地震が起こってからテレビにくぎ付けになったが、あまりの酷さに見ていられなくなって消した。でも、日本人は忘れやすい。こんな酷いこともすぐに風化していかないか、それが心配。」

「原発いらないというのは確かだけど、ここに住んでいる人間として、放射能不安を煽る過剰なメッセージはやはりつらい。二重に痛めつけられる感じ。」

「高田くんの知人が電話で話してくれた。震災後1か月、今の気持ちを尋ねられたら何と言おう。得も言われぬ心理状態というのが実感。家を失い、職を失い、認知症の老母を抱えお手上げ状態。これからどうしたらよいか。怒りも不安も通り越した感情。どこにも気持ちをぶつけるわけにいかず、夫婦げんかをして後は笑うしかない。こんな思いの人もいると知ってほしい、と。聞いていて何も言えなかったよ。」

「目の前にあるのは去年と変わらない春の光景。そんな空気の中に放射能がある。臭いも色もなく、身体の痛みもない。でも空気中の放射性物質は、確実に土地を汚染し、それが日々積算されていく。汚染された土地で暮らしていくしかない自分たち。確かな予防も対策も立てられないこの状況。気持ちのぶつけ先もない。」

「放射能汚染について、専門家という人の意見もまちまち。違いすぎる。何か意図がある？」

やはり、話しても、話しても、何か先が見えない。

4月17日　父の命日の墓参りをしてから、皆帰り、静かになる。お見舞いをいただいた方々に礼状を書く。東京時代、病院でご一緒した伊集先生もいろいろ送ってきてくれる。皆の厚情にうれしくなってとめどなく涙が出て止まらない。なんとなく感情失禁気味。今日も友人たち数人から電話あり。またうれしくなり、なかなか電話切ることができない。やはり感情の起伏大。

4月18日 姉に味噌を送る。田植えに向けて兄たちの苗床作り手伝う。地震で崩れた兄宅の本宅屋根の工事、本瓦を葺く作業を残し終了する。4人での作業、あっという間に終わった感あり。

4月19日 今日はとても寒く3月上旬の気候とか。強い氷雨降る。従兄の武夫ちゃん、長野から帰ってきて「いろいろ手伝いできなかった。申し訳ない」と兄宅へ見舞い持ってくる。「嫁は東京へ入院中。孫を引き取り、原発の被害から逃れて長野へ逃げた。笑ってくれ」と言うが、その心中を思えば笑うに笑えぬことである。

4月21日 暖かく晴。弟や侑子夫婦も来て、兄宅のテラス部分の補修をする。2時間で終わる。昼から桃の摘花。受粉のための花摘みする。夜はまた寒くなる。花冷えと言う言葉がぴったり。

　事故から40日たって、警戒区域に設定された半径20キロ圏内の放射線量が公表された。福島県避難者は、4月現在8万3000人。避難者の一時滞在先として、旅館ホテル確保、宿泊代負担は観光地支援として計上される。「ここまでは安全」と国が言う被曝許容線量が年間20ミリシーベルトになる。今までは1ミリシーベルト。現場作業員の許容被曝線量は、年間100ミリシーベルトが２５０ミリシーベルトに。スピーディ*、２００枚以上の試算、作成があったが、２枚しか公表されなかったとか。新聞などでいろいろなことを知らされるが、全体像がつながらない。

＊緊急時迅速放射能影響予測ネットワークシステム。

4月22日　兄宅の屋根の補修完成する。東京の息子に米・味噌を送る。今日は曇天、肌寒い。午後、蓮池付近散歩する。アキちゃんの家、地震でずいぶんやられている。国、事故後ひと月以上たった今になって、20キロから30キロ圏内屋内退避解除、計画的避難区域、緊急時避難準備区域を設定する。飯舘村も対象となる。南相馬市は、放射能測定器を各戸配布した。費用6億9000万円。東電の避難者への賠償額等さまざまな情報あるも、真偽不明。複雑な気持ちを切り替え、飯坂温泉のパンフ紀子に送る。毎年行ってきたサークルOB会の旅と集い、今年は「5月11日、福島で」、としていたが宿は未定であった。どこに決まるか楽しみとしよう。

4月24日　「ツバメが来た」と夫話す。昨夜からの雨はすっかりあがり、天気良く「いさらい」日和。今年は土が多いのか、スコップ重く腕が痛くなる。原発事故について、福島わたり病院の先生の話を聞きに行く。１７０名以上集まる。先生の苦悩が伝わってきた。母親の放射能に対する不安、子どもへの愛は、科学を越える。それも心にしみた。

4月25日　兄宅へ農協から被害調査入る。風呂の戸が壊れ、工務店に戸を入れてもらう。義姉、眼が腫れて眼帯している。今日は比較的余震少ない。地震収まってくれればと切に思う。原発事故関係で、今日から牛馬の殺処分に入る。

4月26日　農民運動全国連合会の方々、東電への抗議行動を行う。父の残したクンシラン、生きかえるかどうかわからないが一応植え替えてみる。夕方散歩中、昭次さん宅からキャベツ*と茎立ち菜をもらう。キャベツ柔らかく美味しい。

＊キャベツは5月10日、51ベクレル検出。茎立ち菜は60キロ離れた本宮市で3月21日、放射性セシウム134、137、基準値の164倍の値検出。

4月28日　日中晴天。苗届き、弟の手伝いもあり、田植え準備第一段階無事終わる。瓦の片づけも終わる。夕方、風冷たくなる。柿酢、弟にもう一度漉してあげようと思い、蓋を開けたら発酵して吹き出し、半分こぼれてしまう。びっくりした。家の中、見栄えよくしようと片づけたが、あまり変化なし。余震相変わらず続く。

4月30日　71歳誕生日。ワインと刺身で祝う。霜注意報で、花を出したりしまったり。草むしりをして、マーガレットは地植えにすることとした。復興支援バザールのビラ作る。吾妻連峰の雪はまだ濃く、西山は地震で崩壊した所、何か所も目立ってくる。今日は一日、つつがなく暮れる。姉より、「そちらへ、連休行くかな…」と電話あり。

5月1日　メーデー。博子さんと参加。「震災の警備で動員されているため、メーデー行進の警備できない」ということで、今年は集会だけのメーデーとなる。農民連、被災地・浪江の住民の訴え、双葉地方の高校生の問題、迫力がある。帰りに博子さんとレストランで食事、メーデーを祝う。

5月2日　大風が吹いて心せわしい。連休に入るも、いつもと変わりなし。むしろいろいろな行事少ない。マーガレットの植え替え、裏の草むしり、家の掃除で一日終わる。庭の手入れ。藤の花芽、いっぱいついている。山吹の花も八重桜も気がつかないうちに咲いている。今日も、ヘリコプターの音がやかましい。

5月3日　ゴーヤの苗買いに行くも、まだ入荷なし。楢葉の姉、昼頃着く。夕食は兄宅で。皆よくしゃべりよく食べる。姉の孫たち、一人は桜ヶ丘高校に編入、一人はいわき市のサテライト校に落ち着いて、やっと新学期が始まったとのこと。まずは一安心。今回の震災、いくら語っても語りつくせない。

5月4日　しゃべり疲れて、姉と散歩する。天気は上々。白藤開花、ツツジも咲き始める。斉藤さん宅の前の道、崩れている。土手の道も所々亀裂が入り、よそ見をしては歩けない。*セリ、ワラビ採り夕食に添える。昭次さんから山ウドもらう。水につけて保存する。何事もないようでも、余震のテロップは常にテレビ画面に流れている。

＊セシウム値、コゴミ、フキノトウ、コシアブラ、野生キノコなどは基準値超過。タケノコ、ウド、フキ、ワラビ、ゼンマイ、ワサビは基準値内。

5月6日　いきいきサロン参加。地元の参加者より、ボランティアメンバーのほうが14名と人数多い。菅直人首相、静岡の浜岡原発運転中止要請し、停止。福島原発では、2号機搬入口付近90ミリシーベルト。作業員、防護服3枚重ね着して1日3時間の作業とか。余震は、なお断続的に続いている。

5月7日　所在なくなんとも落ち着かない。裏のスギナ退治も中途半端で切り上げ、近所を散歩しながらワラビを採る。野地さん宅は被害のため転居している。佐藤夫妻、田に水を引くのに苦労している。水取り口がつまって、水が来ないという。兄は、田を耕している。14日、田植えの予定。雨降りそうで降らず、チヨちゃんからタケノコ、ワラビ、富子さんからウド、池辺さんからシドキもらい、山菜尽くしとなる。

5月8日　一日不安定な天候。風が吹き雷鳴あり。雨が来るかと思うと、サアーッと陽が差す、という状況。キミちゃんは仮設住宅に入っていると連絡あり。風、夕方から強くなる。

5月10日　日中は暑かったのに、夕方はうすら寒くなる。隣町の顕雄さん来宅。タケノコが出荷停止。車の下取り料ゼロになったと話す。いろいろなところに原発の影響現れてきている。タケノコ、ここは基準値内だが、少し地域がずれるだけで、セシウム基準値を超えてしまっている。

5月11日　恒例のサークルOB会。サークルメンバー、高田君はじめ12名と飯坂温泉に宿泊。加藤夫妻は明日の予定ありで、2時間ほど交流に参加。皆よくしゃべり楽しむ。年に1回の旅行も40年以上続いている。夫婦で参加する人もあり、ある意味で不思議な仲間たちである。仁、一平、岡本、隆、カメ、紀子たち、皆兄弟以上のつながりのよう。昔の呼び名が飛び交う。紀子とは29日の復興支援バザーの打ち合わせも行う。

5月12日　9時頃宿を出て、高田君の案内で、原町へ向かう。小高、新地などの津波の被災地を巡る。飯舘でも写真を撮る。高田夫人と合流、雨とガスが濃く立ち込める中、新地を見て回る。船が打ち上げられ、津波が襲って家半分が空になった家、山積みされた黒い瓦礫を見て、いつになったら元に戻るのか、と思う。防護服に身をつつんだ作業員の人たち、これ以上暑くなったらどうするのだろう。

5月15日　こよなく晴れた青空、山々に緑もゆる季節。5月の風、気持ち良い。町会の交通安全の朝立ちをする。元気な子どもたちと声を交わす心地よさを感じる。今日は29度まで上がるとの予想。耕運機の音が眠りを誘う。周辺は田植えの真最中。兄宅は昨日終わった。藤の花、見事に咲いている。牡丹もピンク色の花が咲き、赤い山ツツジも咲く。今日になって、原発保安院、メルトダウンと公表あり。『10歳の放浪記』（上條さなえ）を読み涙する。本を読んで泣くなんて久しぶり。私にもまだ若い心のある証か。

5月22日　一昨日、かつての病院の同僚たちとの懇親会に出席のため上京。36名参加。今回の震災で電話や支援物資を送ってくれた友たちにも会えて礼を言う。皆、無事を喜んでくれた。観劇や数人単位の食事会など、3日間多くの人と交流深め、気持ちが弾んだ。帰途、新幹線の車窓から、郡山以北はブルーシートの屋根多く、阿武隈川の土手もブルーシート、田植えも半分くらいしか終わっていないことを見て現実に引き戻される。

5月23日　一日摘果。「あかつき」から始める。五月晴れの中、雑念を払いながらひたすら桃の実を選る。原発も選挙もどこかへ吹っ飛んでくれれば、ラッキーこの上ないのにと思う。

5月27日　毎日、終日摘果作業も、今日は午前だけ。摘蕾しなかった「長沢」、本当によく実をつけている。一時暑くなるが摘果にはちょうど良い気候。東と西の畑の「まどか」終わる。摘果で指痛い。

5月28日　午前摘果。午後は明日の「復興支援バザー」に向けての準備。買い物袋、お茶、お誘いのチラシなど、何か手落ちがないか気になり、あれやこれやと思いめぐらす。大型台風接近中とのことで、愛知からの紀子たちの道中思いやるも、「順調に車進み、夕方5時過ぎ、飯坂温泉到着」の連絡あり。

5月29日　興奮して午前4時覚醒する。何となく落ち着かず、6時前起床。天候も気になる。8時過ぎ復興支援バザー会場へ。雨小降り。台風気になるが一日たいした風雨にならず、バザーは大成功。10万円以上の売上となる。紀子たちも喜んでくれる。この地を、大いに気に入ったとのこと。嬉しい限り。幸せを感じる。

5月30日　大雨、大風の台風は温帯性低気圧に変わる。紀子たち無事に愛知に帰り着いたかしら。博子さんたちと、町役場に収益金を寄付金として届ける。合計金額間違っていたが、まあご愛嬌としておこう。肩の荷ひとつおろし、ホッとして衣類等整理する。

5月31日　東の畑の摘果一日で終わる。今朝は肌寒くも作業するには最高。防寒ヤッケ着る。10時頃、暑くなり薄手のヤッケに着替える。午後4時終了。カッコウ、雉、蛙、一日せわしなく鳴いている。桃畑の傍からフキを取ってくる。ウルイとさつま揚げ、紀子にもらった瀬戸の魚は美味。

6月1日　病院受診予約10時に合わせて家を出る。今日は肌寒く感じる。車中、夫と風評被害について話す。「科学的根拠がない風評被害も原因があるわけで、何もない所からは生じない。元々原発事故による放射能汚染発生に起因しているわけで、『原発は安全』と豪語していた原発行政と東電への責任を追及するのが本筋。不安を抱えている国民（風評に惑わされる人々）に責任転嫁することはやめたほうが良いのでは？『食べるのが不安』という人を『正しい科学的知識が不足』と切り捨てるのは、結局根本的な問題を見えなくしてしまう、と考える」と。夫、珍しく反論無し。

6月2日　地震で被害を受けた近所の石倉、次々と解体される。宗吉さん宅の石倉もなくなる。その他の家でも、ブルーシートで覆っていた屋根や家屋の修理なども始まってきている。槌音とカッコウの声が初夏の空に響き渡る。

6月3日　隣組のイマちゃん、去年のアンポ柿持ってきてくれる。汚染水の放射能値、72京ベクレルと聞く。気の遠くなるような数字。原発事故の汚染これからどこまで広がるのか。この町では、ほとんどの野菜がセシウム検出せず、または基準内であるが、柿、大豆は出荷停止となっている。土壌が汚染されている事実は消えない。

6月4日　甥の結婚式、福島駅前のホテルで。兄弟、従兄、その子どもたち、我一族全員集合。新郎新婦二人とも、福島市内の病院の同僚同士。参列者制限したというが、それでも盛大なものとなった。原発事故で、一時は式をどうするか悩んだというが、無事終了。妹もホッとしている。夜は飯坂温泉にて親族25人で二次会泊。子どもたちもカラオケに興じる。部屋は姉と一緒でマッサージ受ける。夜暑くて眠れず、4回ほど起きる。ホテルも、よく見ると壁の亀裂あり。避難者の滞在先になっていて、それらしい人の姿も多く見えるも、遠慮もあり言葉を交わすこともなし。

6月6日　今日は一日晴れ。風吹くも暑い一日となる。午前、東の畑の摘果。午後は半日休む。ドイツ、メルケル政権2022年まで国内の全原発17基廃止閣議決定！　脱原発が世界の動きとなることを願う。

6月7日　博子さんと、福島市で開かれた原発シンポジウムに参加する。30分オーバーでも、皆、もっともっと語りたい様子。講師のアウシュビッツ訪問の話ももっと聞きたい。ヨーロッパの子どもたちへ伝える近現代史、歴史教育についても、もっと知りたいと思った。

6月8日　一日、桃の摘果。本当によく実っている。立派に育った桃の実が鈴なり状態。大きさもよくそろって、枝をしならせている。サクランボも実がよくついている。町内の勉さんは「実のなりがいいのは放射能のせい」と言うが、今年の天候は果樹栽培には最適と思いたい。こんな年に原発事故、放射能の影響を考えたくないと思う。さまざまなことが身につまされる。この労力が無駄にならないことを願うばかりである。

6月11日　朝、強い雨のあと曇天。朝5時から7時まで桃の袋かけ。9時から再開も雨で中断。午後晴れて気温急上昇。袋かけをしていると背から尻にかけ、温熱療法の如く暑い。陽射し強くなり、木陰のほうの袋かけするも、暑さもあり4時に切り上げる。

6月13日　昨日に続き、5時から8時まで袋かけ。従弟の武夫ちゃん来宅。避難先の長野から昨日帰ってきたが、奥さんは7月いっぱい帰らないとのこと。武夫ちゃんは、当分福島と長野を行ったり来たりとなる。原発の影響いろいろなところで出ている。裏のタケノコ採る。少し動くと汗が出る。イタリア国民投票では、原発凍結賛成90%超。福島を受けて脱原発の動き、始まっている。

6月16日　14日から膝の痛みあり、整形外科受診。「働きすぎ、年のせい」と。膝に注射。痛み止めと坐骨軟膏薬をもらい、安静にしていたが、膝の痛みアップ。鎮痛剤のせいか、胃重感出てくる。今日は一日寝て暮らす。

6月17日　今年はツバメが本当に少ない。放射能の影響か？　膝の痛み少しも軽減せず、何をする気も起こらず、安静にと思っても心静まらずイライラ状態のまま一日終わる。左右どちらも異常。足腰弱るということ、加齢現象だろうが、自由を束縛され何もできないと思うと情けない。こうして歳を重ねて老いていくのかしら。梅雨明けまでこの状態続くのかしら。

6月22日　夏至。32度を超える暑さ。じっとしていても汗が出る。東北は梅雨入りというがそれにしても暑い一日。足の痛み変わらず。避難所の方々、熱中症の恐れありとマスコミも報道。皆さん、大丈夫だろうか。

6月24日　3・11の震度の修正あり、当地は震度6強であったと報道された。風吹くも雨来ず。暑さは相変わらず。大雨洪水強風注意報出る。昨日、青森、岩手、宮城震度5強の地震。ここは3強。余震はまだまだ続きそう。坐骨神経痛も重なって右脚の痛みが続く。ツバメ群れをなして、家の前の桑畑を低く飛ぶ。

6月28日　整形外科で膝関節注射するも、足の痛み軽減せず。今日も暑い。雨午前中少し降るも午後は晴。汗が止まらない。午後、町会長、放射線量測定に来る。全戸測定するとのこと。家の庭、0・4マイクロシーベルト、花壇後ろの土、0・59マイクロシーベルト、ほぼ町の平均値と同じ。

6月30日　一日晴。気温30度超えて暑い。今年も、あっという間に半年過ぎた。思いがけず、伊集先生夫妻、午後2時過ぎ来宅。岩手県三陸の田老町まで行って津波の被害を見てきたという。大いに話が弾む。長野の松本で震度5強の地震。3・11の余震という。

7月1日　町内婦人会の集まり。お茶のみの話題は、地震と原発、桃や米の行く末など。震災より3か月。皆のさまざまな思いがある。

「年寄りはいまさら他へ動きたくない。孫たちはやはり心配。戻ってきてとは言えないよ。」

「放射能減るというからヒマワリ*植えてみたけど、どうなんだろ。」

「米や柿もだね。土壌検査して、大丈夫っていうとこで作っているけど風評被害は何ともつらい。」

「桃はいいけど、野菜もちょっと離れたところでは、セシウム高くなってるしね。」

「福島といっても広いからね。ここは他所より低いから安心しなよ。」

「この辺の除染はいつになるのだろうね。」

普段は、原発や放射能についても何も言わず口を閉ざしているが、心の中につらいものを抱えているのは、皆同じだ。

＊「放射能低減にヒマワリが効果」という情報で住民によって植えられる。植える前（6月）の畑の値、0・98〜1・05マイクロシーベルト。8月満開。刈り取り後、0・6〜0・7マイクロシーベルト。期待ほどの結果出ず。

7月3日　終日、被曝関係の本を読んだり、紀子たちからの支援物資の整理などでダラダラと過ごす。少し動くと足が痛い。刺すような痛みと足の冷感がある。倦怠感アップ。テレビは、高温多湿下の熱中症、水難事故、節電報道等の繰り返し。

7月5日　どこでも原発対応手探り状態。復興相辞任。[*]「あれこれ欲しいはダメ」に、被災者は言葉もない。夜、手腕の赤疹あり。痛みはないが服薬のせいか気になるので、今日は痛み止め服薬中止。紀子たちによる震災支援バザー第2回目、役場で承認が下りたと言うので後援申請書もらいに行く。和歌山で震度5強の地震あり。

＊松本復興相が7月3日、岩手県知事に「(私は) 九州の人間だから東北の何市がどこの県かわからない。あれこれ欲しいはダメ、知恵を出さない奴は助けない」などと発言。就任わずか9日で辞任。

7月8日　明け方雨降るも、起きる頃には雨上がる。一日蒸し暑い。予想では気温35度になるという。右足の痛みぶり返す。やはり、痛み止め飲まないと駄目なよう。痛む足とどう共存するか。どうしようもなく去らない倦怠感に「原発ぶらぶら病」と自分で名づけて、足をさすって一日暮れる。

7月9日　地震あり。3回、震度5・7の揺れを感じる。余震か。津波警報も出る。結構長い揺れあり。家屋の被害はさほどなしも、やはり緊張する。家の中の温度36度。本当に暑い。サマー毛糸を引っ張り出して編み始める。何かに集中していれば少しは暑さもしのげるかと。

7月10日　今日も暑く、雷鳴のみで雨来ず。三陸沖で地震。震災の余震という。相馬港で10センチの津波観測。

7月12日　毎日30度超えの暑い日が続いて、今日梅雨明け宣言あり。6月までの最高気温更新、梅雨明けの早さも史上最速、熱中症は昨年の3倍。今日、隣の伊達市36・6度、会津喜多方37度と記録更新。今年は、高齢者にはつらい夏となるか。夕方雷雨あり。姉、2度目の引っ越しを済ませる。

7月16日　連日35度超えの暑さ続く。今日も一日暑い。昨日から、東京の妹と楢葉の姉、桃の収穫手伝いに来訪。20日まで手伝ってくれるという。午後、紀子たちボランティアの車、瀬戸市から荷物を運びバザー会場に到着。荷物をおろし紀子たち4人を置いて、他のメンバーはさらに北上し気仙沼へ行く。車中の皆に、桃とプラムをあげ喜ばれる。明日の準備をして早めに散会。明日に備える。

7月17日　第2回目の復興支援バザール。午前7時から準備。8時からお客さん来る。10万円以上売上げあり。とても暑い日で、皆、水ばかり飲んでいた。博子さんはじめ、篤ちゃん、英子さん、朝ちゃん、町内の皆も、元気いっぱい頑張る。いつもながら、博子さんはすべてに関して気配り優れ、改めて感心する。暑くとも、涼しい顔に見えるのも不思議。紀子たち瀬戸市の4人は午前バザーに参加、午後は弟の車で相馬市へ津波被害の痕を見に行く。妹も町長の車で同行。飯舘村では人気のない道に猿が群がり、線量計はところにより10ﾏｲｸﾛｼｰベルトを示したという。高田君が現地で出迎えてくれ、仮設住宅なども巡り、紀子たちは福島のホテル泊、明日帰る。私たちは、夜、埼玉の弟も来て兄弟勢ぞろいし兄宅で食事。

7月18日　早生桃、「日川」の収穫をする。初もぎである。「日川」「あかつき」「まどか」「長鳴とどろくも、雨あまり来ず。

2日間、兄弟姉妹全員で収穫作業する。頼まれていた東京の友人たちに、初物の桃を送る。雷

別、がらもぎ[*1]、シルバーシート[*2]外し…の作業が8月末まで続いていく。「日川」は、今日明日

沢」「川中島」、桃の種類によって収穫時期はずれていく。これから順に、袋かけ、初もぎ、選

＊1　がらもぎ：選別せずすべて採ること。
＊2　シルバーシート：桃の色付きをよくするため木の根元に敷くアルミシート。

7月19日　今日も桃収穫。「少し青いかな?」と思うものもあるも、東京への贈答品、姉の持ち帰り分、従弟や親族から依頼されていた分、コンテナに19箱取る。台風6号、大暴れしているらしい。姉、大雨の中いわきのアパートに帰る。蒸し暑い一日であった。先日送付した友人たちから、桃のお礼の電話あり。

7月20日　台風6号は西日本に大きな傷跡を残して太平洋へ移行するも、雨風はどれだけ続くか。妹も東京へ帰る。博子さんと、バザーの寄付金を役場に届ける。義姉、「お父ちゃん、桃作りにだいぶ弱気になっている」と言う。肺疾患を持つ兄、呼吸が苦しそうな様子あり。歳も76才。他人には弱みを見せないでいるが…。

7月21日　台風のせいか肌寒い感あり。この2、3日前の暑さが夢のよう。雨もたいして降らず、もう少し雨ほしい。裏の畑の「あかつき」、実がなりすぎている。

7月26日　昨日は何とも身体だるく、ゴロゴロ寝て暮らした。足の出血斑が気になり、痛み止めの薬を飲まないで様子を見るも痛みアップ。明日、病院で診てもらおう。台風6号、東海地

方は雨だが、この辺はもう少し雨欲しい。

7月27日 病院受診。出血斑、「薬とは関係ない」という。薬を飲むことにする。今日も夕立来そうだが、どうなるか。

7月28日 夕方雨の中、土湯温泉に向かう。山百合の香る中、美絵ちゃんたち、福島の病院勤務時代の仲間、白ゆり会の面々、14名参加で楽しむ。今日はしのぎやすい。新潟・会津只見地方、記録的大雨となる。洪水が心配。

7月29日 篤ちゃんたち、医療生協の方々と仮設住宅訪問をどうするか、打ち合わせする。それぞれの自治体との関わりや調整がネックか。兄、雨を心配しながら桃の消毒も、夕方まで雨来ず。夜遅くなって降る。兄の判断正解だった。

7月31日 新潟・只見地方、大洪水となる。福島、今年はメタメタ。天災人災、どうなる事だろう。朝、4時少し前、身体揺らされて目が覚める。地震。震度5強。福島沖。楢葉町の震度はニュースの一番に出てくる。台風通過で、幾分涼しくなったたか、今日は比較的しのぎやすい一日であった。それにしても、前半は猛暑で熱中症多発、後半は台風で各地の集中豪雨、ゲリラ豪雨、洪水多発と災害続きの7月であった。埼玉の弟、恒例の夏休み来訪、ヒマワリの周りの草取りをしてくれる。

8月4日 「あかつき」の収穫始まる。今日は、東の畑の桃収穫。隣合わせの蓮池から水があふれ、桃畑の地面びしゃびしゃで、作業の困難さに兄がっかりしている。そんな人の嘆きをよそに、蓮の花は本当に美しく咲いている。今日も曇りであるが、夏らしさが戻ってきたか。夕方、福島市方面、川東地区は大雨降る。

8月5日　裏の「あかつき」収穫。まだ少し青く、色付き遅れているか。でも、今日の暑さ、日差し強さで、着色進むだろう。午後のいきいきサロンは、農繁期もあってか5人だけの出席。タオルで「お手拭き人形」を作る。

8月7日　桃収穫応援部隊たる東京の妹たち、2回目の来福。福島の弟も含めて、総勢8名で桃の収穫行う。贈答用、農協、桃販売所などに分けて出す。兄、腰痛を訴え、代わりに侑子の運転で収穫した桃を運ぶ。今日は暑い。35度。午後は皆でエアコンの下で昼寝。夕立も来ず。日本のあちこちではゲリラ豪雨で洪水発生している。沖縄の台風はどうなったか心配。白鷺の大群を見る。

8月9日　侑子やその長男も来て、総勢9人で東の畑の「あかつき」収穫終了。足元ぐちゃぐちゃ。熟れすぎたネクター用の桃、コンテナ3箱。少し取り遅れたか。今日は大勢なので、私は桃を選別して並べるほうに回り楽をさせてもらう。東京勢は収穫作業後、午後帰京。姉、入れ違いに来宅。

8月10日　家の裏の畑の桃収穫終了。今日は姉と4人だけ。侑子たちが来るかと期待したが来ず。高齢者だけで頑張った。暑くてグロッキー。どこへ行く気も起こらず、皆でごろごろ寝て一日過ごす。桃熟れ気味。若木は特に早い。

8月11日　38度を超えた群馬県を始め日本列島猛暑に襲われ、熱中症で倒れる人続出。暑い一日終わるも、午前は風があり、比較的過ごしやすかったか。「まどか」収穫。東の畑のシルバーシート片づける。

8月12日　「まどか」少し取る。今日も暑い一日となるも、夕方からは風が吹き、少ししのぎやすくなる。姉、県南地方は雨が強くなるという予報に、昼過ぎ帰る。人が去って、また夫と2人だけの生活となる。高校野球、地元は2回戦で敗退。

8月13日　昨日に続き、「まどか」「長沢」収穫。皆に送付。今日も暑かった。夜に入っても室内で34度。午後、墓参かたがた、夫の兄たちに桃を届ける。夜は兄宅で盆迎えのご馳走になる。

8月19日　昨日まで、連日35度以上と続いた猛暑の日々。その熱気が一気に吸い取られるような雨が早朝に降った。久しぶりに生き返ったような清々しさを感じる涼しさ、それが一日続く。今日はエアコンも扇風機もいらない。一日、部屋の片づけなどして、家を一歩も出ず過ごす。福島県沖で震度5弱の地震あり。

8月24日　久しぶりに晴れて暑い日となる。最後の桃収穫応援のため、東京の妹2人、今夏3度目の来宅。送付依頼分の作業、概ね終わる。墓参、桃送付分の会計処理など行う。夜は、冷凍しておいた昨年の楢葉町木戸川の鮎の唐揚げを食す。原発事故で今年は鮎漁なし。「木戸川の鮎も食べ納めか」などと思うと感無量。今年の「長沢」「川中島」も終わりに近づく。

8月26日　今季の桃送付分終わる。なんとなくホッとする。裏磐梯の「ふるさと宿」に行き、オーナーの高橋夫妻に会う。相変わらず、やさしく迎えてくれる。諸橋美術館見学の後、沼尻温泉で入浴、濃霧の中、土湯峠を下りる。飯坂付近では大雨も家に着く頃は雨なし。菅直人首相退陣表明。

8月31日　「川中島」のがらもぎ。台風の影響で雨少し来るもそれほどの降りにならず、7時に全作業終わる。蒸し暑く、じっとしていても汗が出る。今年の残暑はより厳しい。例年になく汗をかいた。毎日頭を洗っても、甘酸っぱい臭いがするよう。出荷できなかった柔らかくなった桃、傷桃など、それぞれ冷凍やジャムなどにする作業で、一日のほとんどを費やす。少々疲れ、夜8時30分には就寝する。夜10時過ぎ、福島の弟の義父、大垣先生死去の連絡あり。妹たちに連絡する。

9月3日　大垣先生の告別式。朝7時30分家を出て、出棺から参加する。昨日の通夜もそうであったが、地元の交響楽団を率いていただけあって、大変な数の方々の参列。2時間以上の告別式、オーケストラ葬となる。妹たちは式場からそのまま帰京。台風12号、ゆっくりゆっくり北上。紀伊半島に大変な大雨被害、傷跡を残している。奈良・和歌山の死者・不明者92人。昨日、野田内閣発足する。果たして？　大飯原発再稼働決定の動きありというが？

9月4日　台風は島根を抜けてまだまだ災禍を残しそう。予断禁物。福島への影響は？　この辺は曇り時々晴れ。31度で暑い日となるも、風あり。エアコンつけずに過ごす。事故後半年、放射能汚染被害対策も、遅ればせながら始まる。放射線量低減化対策の取り組みで、カッパ、長靴のサイズ測りに、夕方5時、集会所に行く。[*]

＊除染作業時の個人装備。他にマスク、ゴム手袋など。

9月5日　台風12号大暴れ、愛媛から埼玉まで広範囲に大変な被害を残している。100人近い死亡・不明者が出ている模様。ここは晴時々曇り。32度、残暑厳しい。義姉の実家から味噌をいただく。

9月11日　雨模様の涼しい一日。今日で3・11から半年。終日、テレビ特集が行われている。何も変わっていないようだが、半年の月日はいろいろな問題を呈してきている。野生化した牛や豚、「死の町」発言でまた大臣が辞める。原発も振り返ってみれば本質が見えてくる。必要なところに情報がいかないことなどいろいろある。心がザラザラしてくる。ウツへの移行はこんな状態を指すのだろうか。気分を変えるべく散歩する。すっかり稲穂が色づき、いつのまにか頭を垂れている。塀を彩るコスモスも、黄、ダイダイ、ピンクと各々の主張をして咲いている。そんな日々の景色の変化に気づかないでいる。

9月14日　震災半年後の、津波被災地を訪ねる。相馬市松川浦漁港で、高田君と落ち合う。漁船が瓦礫の撤去を行っている。御柱のようなものが浮いていた。貝がびっしりとついている。新地町の津波の跡に立つ。家が根こそぎもっていかれた跡、荒涼とした中に朝顔が2輪咲いていた。

9月17日　今日も暑い一日。愛知県の除染ボランティアさんたち、午後5時頃、荷物を持って到着。宿泊は福島のホテルに。お疲れ様。台風15号ゆっくりゆっくり北上している。

9月18日　昨夜の暑さは何だったのか。蒸し暑さこの夏一番。昼過ぎ34度超えている。除染ボランティアさんたち、暑さの中で午前5時半から泥上げ、7時には終わる。感謝のみである。私は、午後3時、仙台行き列車で出発、かつての病院内看護学習会仲間と仙台駅で落ち合い、秋保温泉で交流する。総勢14名、夕食交流会で、お見舞いをいただいた方々へのお礼を言い、瀬戸市からのボランティア活動の様子など話す。

9月19日　秋保温泉の朝、目覚めた外は雨。露天風呂も雨。9時30分宿を出て、松島海岸からタクシーで津波の一番の被害地、野蒜（のびる）へ。地盤沈下で黒い海が広がっている。新地とはまた違った被害状況を見る。野蒜駅は壊滅状態。そこから、避難路で学校への道が示されており、近隣地区の人々が避難した体育館へ進む。体育館も津波でやられ多くの人が亡くなった。体育館内は洗濯機状態で渦が巻いたという。想像するだけで恐ろしい。魚市場で食事、在来線で4時帰宅。台風の影響で、今日は上着がないと寒いほど。

9月21日　今日は大雨と大風。台風15号情報を聞きながら過ごす。日本に上陸した台風15号は各地に被害をもたらしながらノロノロ北上、列島縦断。阿武隈川、戦後最高の水位という。郡山も大変な様子。東京の妹、区の洪水ハザードマップでは自宅近辺は2メートルから4メートルの予測、「ここにいては危険です」という表現に「いざとなったら福島に避難したいが、よろしいか」とおかしそうに電話してきた。しかし、なし崩しに「危険がありません」と曖昧にされている福島と比してそのほうが明快か。

9月23日　町主催のお祭り。昨日の雨も上がり、天気よく無事終わる。バザーで一日頑張る。売上げ2万5000円。品物は50円単位くらいであまりお金にならなかったが、これまでの支援物資、おおむね在庫処分できる。残ったタオル等は飯舘村の方々が住む仮設住宅に寄付する。

9月29日　福島47か所でストロンチウム検出したとのこと。ここも例外にあらず？　見えなかった事実が少しずつ、明らかになっていく。言葉が出ない。放射能、心配なのは晩発性の症状がいつ、どう出てくるかということ…。

10月2日　村は、稲刈りで大多忙。米の出荷もOKになり[*]、活気がみなぎっている。一日、好天気に恵まれるも、夕方急に寒くなる。午前、東の田のワラ片づけなど手伝う。

＊セシウム全品検査によりすべての市町村の米が「出荷可」となる。

10月10日　兄宅の稲刈り、すべて終了する。姉、来宅。秋晴れの好天気。姉とカフェで昼食。原発立地地で、町役場職員として関わった姉。立場の相違はあるが、原発がらみの話題は語りつくせないほどある。姉が帰ってから掃除、片づけなど行うも2時間程の作業で疲れを感じる。体力どんどん低下していくのだろう。こんな時、老いを感じる。

10月12日　晴れ。秋風が気持ちよい。今日は十五夜。月が美しい。侑子来て稲ワラ片づけ。3人でやると早い。今年の稲作の大体の作業終わる。

10月16日　今年2回目のサークルOB会、飯坂温泉で開催する。今回は16名参加。楽しく賑やかな一夜を過ごす。道子から赤いベストをもらう。皆元気。今日参加できなかった人たちもそれぞれ体調悪い中でも精一杯生きているという。皆に乾杯！

10月22日　久しぶりの雨。洪水警報が出ている。親戚、由太郎さんの告別式。孫、ひ孫16人に囲まれて、にぎやかに人生を閉じられたと思うと何かうらやましい限り。盛大な葬儀であった。ひどい雨降りにならず良かった。

10月30日　博子さん、篤ちゃんと福島の脱原発集会に参加する。福島県内5000人、県外5000人以上。雨もなく大成功。思いもかけず、かつての同僚と退職後初めての再会あり。「脱原発」「反原発」は、理屈ではなく国民皆の自然な気持ちだと思う。

11月1日　午後、弟と、阿武隈川の土手から下水汚泥の詰まったテントを見に散策する。除染土の黒いフレコンバッグの山が、かつて兄の畑もあったところに積まれている。秋晴れ。7000歩ほどの歩行でも汗をかくくらいの陽気。稲の取入れはほとんど済んで野焼きの煙がなびく。毎年知人に送付していた「生柿」、今年は送付なし。柿農家の鈴木さんに断りを入れる。

11月3日　秋祭り。義姉とお参りに行くも、昔日のにぎやかさは本当にない。太鼓の音もなくひっそりと静まり返っている。赤飯も魚もなく日常と変わらない一日。

11月4日　いきいきサロンで栄養指導を受ける。集会所の窓からたわわに実った柿が見える。柿の実の赤さと澄み切った青空のコントラスト眩しい。今年は、柿は原発事故で出荷不可。まさに柿受難。栽培農家は柿を叩き落とす。割れてつぶれた柿で、木の回りは赤い柿色で染まる。アンポ柿も干し柿もできず、タヌキの餌になるのか。柿の木は樹皮を剥ぎ高圧洗浄され、白樺のように真っ白になる。来年は、再来年は？　いつ出荷できるようになるのか。今は見通しが立たない。

11月13日　町の農業祭でナオちゃんと久しぶりに会い話をする。米作りが主の農家。「出荷OK」といっても、米のこと大変そう。原発の影響あちこちに出ている。恵美ちゃんの家で、一夫さん、徹さんと2時間程度話す。「帰還は30年後」という大熊町のことが話題となる。篤ちゃんは、今日も黙々と柿落とし。

11月21日　今日は風強く寒い。西山は雪。夫に、スタッドレスタイヤに交換するように言う。釜石の仮設住宅にいる義姉の見舞いに行った妹から、電話あり。「避難所の初めの食事は、朝食がパン1個とオレンジ半分、昼はカップヌードル。避難している間に、家にあった宝石など金目のものはすべて泥棒に入られてなくなった。仮設住宅は四畳半二間(ふたま)。これまで8部屋もあった生活とは一変。釘を打ってはいけない決まりあり、棚も作れず片づかない」。震災後の泥棒の暗躍など、姉の家だけでなく被災地はどこでも同じか。原発で被害を受けた人たちも、津波で被害を受けた人たちも、皆似たような境遇でこの長い月日を過ごしている。心が重くなる。広島県北部マグニチュード5・4、震度5の地震あり。

11月26日　暖かい一日。ストーブ不要。篤ちゃんの家で、10時から午後3時30分まで、愛知の紀子から送られてきた布で小さな風船の手作り。先の見えない中で、参加者8名、楽しく一日過ごす。これから冬の農閑期、毎週土曜日集まることにする。心が少し軽くなる。

11月27日　放射線量測定を8時半から行う。近隣5軒測定、11時終了。6月測定時とそれほど変わらず。家の庭、0・39マイクロシーベルト、花壇後ろの土、0・58マイクロシーベルト。大阪で維新の会が勝利収める。ヒットラーの再現のような強権政治が歓迎されていることに怖さを感じる。考えすぎかしら。

12月1日　今日も寒い。日没は早く、午後4時にはもう薄暗い。仮設住宅に居る方が「寒い寒い」と悲鳴を上げている様子が放映される。私は背中の痛みアップ。身体の不調があれば、なお仮設住宅の寒さはこたえるだろう。そんな中、防衛大臣が[*]「沖縄婦女暴行事件について詳しいことは知らない」と発言。この国の為政者たち、原発事故や基地問題で苦しんでいる国民の姿も、「詳しいことは知らない」なのか。気持ちを静めるように、久しく止めていた一閑張り始める。

＊沖縄防衛局長が、「普天間代替基地事業での環境影響評価の提出をしないこと」の理由に、「これから犯す前に『犯しますよ』と誰が言うか」と発言し罷免されたことに関連しての発言。

12月11日　午前中、小物手作りを篤ちゃん宅で行う。金雄さん、柿畑の除染中に怪我をして入院したと聞く。圧迫骨折。本当に大変。いろいろな所に波及した出来事、原発由来のものが多すぎる。

12月14日　畑の除染作業、また7人怪我をして今は中止しているという。寒い中、土が濡れて脚立が転倒して危ないと話を聞く。

12月27日　雪が降り庭木を真っ白に彩る。晴れたり雪が降ったり忙しい天気だが、天気予報は全国雪ダルマ。政府、「原子炉が冷温停止状態に達し、発電所事故そのものは収束に至った」と収束宣言を出す。2万8000人の避難者はどうなるのか。

12月31日　今日は比較的穏やかで暖かい日。一応掃除。午後買い物。午後4時から兄宅で年越しのお呼ばれにあずかる。外はやはり寒い。来年は如何なる年になるのだろう⁉　原発事故収束宣言のねらいは何か？　原発事故による風評は人々の心に根強く残ったまま、事故そのものが次第に人々の記憶から薄れていかないか不安。この国では政治場面で、何か大事なことがある時に、目くらましのように、タレントなどの結婚やスキャンダルで、新聞紙面、テレビ画面をにぎわせるが…。

第3章　「忘れたい人」「忘れてほしい人」「忘れない人」

〈1〉桃の木を切り倒す（2012年）

事故後1年。この年も、地震や台風、大気不安定による大雨、記録的暴風などが多発した。「風の里」の人々は、各地の自然災害に心痛めつつも、「低線量の中で生きていく」という悩ましい現実をつきつけられていた。福島県産の農産物は、全品セシウム検査が行われ、安全宣言された物のみ出荷されていたが、風評被害は生産物全体の価格を下落させ、人々を落胆させた。柿の木などは高圧洗浄機で除染、樹皮は剥離され白樺様になった。この年の夏の終わり、彼女の兄は桃栽培廃業の決断をし、秋にはすべての桃の木が切り倒された。

東京では反原発運動が高まっていき、国会前、官邸前の金曜日行動は20万人に膨れ上がった。そのような中、民主党政権が倒れ、12月「安倍第2次政権」が誕生した。

1月4日　正月三が日は、姪一家や甥たちと一緒に賑やかに過ごした。人の日常は平和そのものだが、今年の行く末はどうなるのだろう。午後、武夫ちゃん奥さんと来る。3時頃まで話す。話すことは、やはり原発事故後の除染や今後の影響のこと。奥さん、長野からは帰らないという。現実に引き戻された感あり。

1月5日　吹雪の一日。久しぶりに千葉流山市の堀田さんと電話で話す。流山もホットスポットの出現あり。付近の三輪野山も線量高いとかで、堀田さんの息子さん埼玉へ移住とか。高田くんは、相馬から東京へ再移住することを決める。板橋区の団地というが、いろいろ大変そう。原発事故収束宣言、消費税増税、社会保障給付圧縮の一体改革の名の下に、住民の生活は隅へ隅へと追いやられそう！

1月10日　除染についても放射能についても、テレビや近隣で聞く話は、自説が多くまとまる所を知らない。それだけ摩訶不思議な代物ということだろう。放射能の影響は？　どこまでいっても「?」である。何ひとつ確かなことがわからない。そんな中、以前から「一度行ってみたい」と思っていたインド。今回、「希望にあったツアーあり」と妹から誘いあり。

1月23日　昨日は起きたらこの冬一番の積雪。今日は、吊るし雛に飾る鳩と椿2個ずつ作る。小物作りをしているとあっという間に一日が過ぎる。テレビを見ながらの作業であるが、テレビから発信されてくる内容は、切なくなるほど厳しい。社会保障と税の「一体改革」という聞こえの良い言葉で、どこまで国民をいじめるのかと思うと怒りを禁じ得ない。ウツとした気分払いたいと、3・11に重なり迷っていたインド、次の機会もないと思うので、思いきって行くことにした。電気屋さん来て、洗濯機とカメラと電灯を頼む。個人商店は厳しいという。

1月30日　旧正月。例年の如く一番寒い時期というが、今年は、より寒い。雪も多い。先週、郡山はマイナス17度。観測史上最低気温更新。ここも、外気マイナス11度、室内マイナス1度くらい？　窓枠、真っ白に凍り付いて開かず。兄宅の水道管破裂。雪が一日中舞い家中が凍り付いている。何もする気が起きず、一日外へ出ず。気候も寒いが、心も寒い。喉に棘が刺さったような「収束宣言」は心をさいなむ。

2月24日　昨日は夜通し大風吹き揺れる船の中で寝ているようであった。今日は晴れて、寒が去ったような春一番といった雰囲気。昨日、福島市の避難所閉鎖。これで、東日本大震災の被災3県の全避難所が閉鎖されたという。余震度々あるも驚かなくなっている。

3月11日　震災1年後のこの日、妹とインドに到着。初めてのインド、まさに人種のるつぼの一言につきる。妹、怪しい英語で現地の人々に声をかけている。見ると手には「NO NUKES」（脱原発）の紙片。身振りと、「ノーニュークス？」の言葉だけ。少々乱暴だが、人々の反応、「？」と「オウ！」とそれぞれあり。インドの方たちも関心ありとわかる。

3月12日　ホテルの部屋に配られた新聞に日本の3・11の様子、詳細に載っている。反原発集会の様子も写真入りで大きくある。反原発デモ、1万4000人参加とある。紙面の扱いに偏りがない。日本の新聞はどうだろうか。新聞で日本の様子わかり、気持ちに整理がつく。脚の痛みもない。解放されたような気持ちあり。17日までのインド旅行楽しもう。

3月27日　朝から雪が降るも、春の雪。積もらず昼前には消えてなくなる。なかなか春は来ない。春一番、47年ぶりに吹かず、天候不良の年であるとか。福島第一原発2号機の内部観測。4メートルあるはずの水位60センチ、放射線量72・9シーベルトという。不安つのる。

3月30日 今年初めての、摘蕾。東の畑の「日川」行う。梅がやっと一分咲き。フキノトウがずいぶんと大きくなっている。ウグイスが鳴き、のどかそのもの。今年の桃、9日程発芽が遅れているという。

4月1日 朝一面の雪景色。昨夜の大風、低気圧は去ったようだ。今日は摘蕾なし。田村市と川内村、「避難指示解除準備区域」と「居住制限区域」に再編される。

4月4日 昨夜は一晩大風が吹きあれ、眠れたものではなかった。今日は吹雪。風強く、椅子やコンテナが庭を舞う。とても寒い。爆弾嵐、全国で荒れ狂う。

4月13日 摘蕾始めるも、風が強く1時間で引き上げる。一日風吹き荒れる。今年の摘蕾は、風の強い日が多かったが、もう少しで終わりそう。政府、定期検査などで停止中の大飯発電所について「安全性最終確認され、再稼働には必要性が存在すると判断した」と表明。原発再稼働へ舵切り？　それに反対し、東京では、「反原発金曜日官邸前行動」が行われ参加者、毎週増えているという。

5月3日 一日雨。大降りになる前に苗床の運び込み、侑子夫婦や弟一家の応援を得て終わる。嫁いだ娘や妹、弟たちがこうして農作業の節目に手伝いにきてくれることに、兄も満足そう。

5月5日 泊原発運転停止で、国内すべての原発停止となる。原発大国日本での稼働がゼロとなった歴史的な日。少し肌寒い中、来福中の紀子夫妻と町内の除染廃棄物一時保管所を見て歩く。夕食は、まだセシウム汚染の心配がある、家の裏で採取したタケノコでご飯炊いて食べる。

5月6日　茨城ですさまじい竜巻発生、大きな被害を受ける。この辺も真っ暗となり大雨降る。隣町ではヒョウが降ったとか。近年の異常気象と関係あるのかしら？　今年の5月は風強く肌寒い日も多かった。この頃、何事につけて意欲減退。考えるのが億劫になってきている。

5月14日　今日は、天気は上々。クマン蜂が藤の花に群がっている。サツキの花も咲き、若葉が目にしみる。近辺では、田植えが行われた水田が目立つ。

5月20日　兄宅の田植え。侑子夫婦、弟一家、私たち皆で、30度超えの暑さの中、行う。熱中症一歩手前で、休憩2回入れ体調整えながら行うも、くたくたにくたびれた。

5月24日　桃の摘果、今日一日行えば終わりとなる見通し。今日も晴れ、高温だが、風があり作業しやすい。福島第一原発保有放射性物質総量、7億2000万テラベクレル、1か月放出90万テラベクレルの報道あり。チェルノブイリは520万テラベクレルだったという。原発4号機の破壊状況など、テレビで放映されるも、途方もない数字に何か実感がわかない。

6月2日　郡山のNPOが呼んだ花火師により、阿武隈川で1万発打ち上げられた。「すごい」の一言。風強かったが午後7時15分から9時まで花火見学。

6月9日　一日大雨。梅雨入りか？　梅と柿は今年も出荷制限の対象となる。屋敷まわりの梅、落とすしかないか。

6月15日　福島大学の清水修二教授の「原発立地の方々にも10％の責任あり」[*]との文言が物議をかもしだしていると聞く。人々の原発事故被害者としての反発感情はわかるも、現実を直視すればどうなのか？「承認しそれを進めた」議員を「選んだ責任が町民にないのか？」という問いは、その時代に生きてきた、結果的に原発を承認してきた、私たち自身の責任を鋭く問うていると私は思うのだが…？

＊清水修二著『原発になお地域の未来を託せるか』(自治体研究社)

6月18日　長野県の方々、復興支援でお土産いっぱい持ってくる。元青年団の方々とか。美人ぞろいでびっくりする。各々ポリシーを持って生きていることに感心する。

6月20日　台風4号、本州縦断。この辺は大過なく過ぎ、山が近く青々としている。会津の片岡さんからトマト送られる。とても美味しい。兄たちは桃の袋かけ。風に飛ばされてずいぶん実が落ちてしまった。今日、原子力規制委員会設置法成立。16日は、大飯原発再稼働決定。福島の原発事故、これから、どのようにとらえられ、どのように動いていくのだろう。

7月4日　今日は暑く33度。大分の大雨洪水、大変な様子。大飯原発3号機再稼働。1日の東京の大飯原発再稼働反対集会には20万人以上集まったが、原発ゼロは2か月のみ。気持ちをまぎらすように、庭の草退治をする。雑草の強さは本当に素晴らしい。やっつけたなと思っても次の日には芽吹いてくる。根絶されない強さ、私たちにもつながるとしたい。裏庭は概ね終わる。片づけは明日。

7月6日　暑い日が続く。夕方からはひどい雨。疋田さん、左右肺ガン。PET[*]で見つかったと、博子さん知らせてくる。一応CTとって手術するかどうか決めるという。事故調査委員会、福島第一原子力発電所事故は、自然災害ではなく「人災」であるとの報告書を公表。金曜日官邸前行動には妹夫婦も参加。若い人や子どもも参加。15万人、人、人の波だったという。新しい人の動きが始まるか？

＊PET（ペット）：放射能を含む薬剤を用いるガン検査。

7月13日　30度超す暑さ、ムシムシで過ごしにくく、夜の蒸し暑さはさらにひどくこの上なし。九州の洪水言語に絶するものあり。桃「日川」初取り。4時から作業開始。贈答分、送付する。桃作業中、福島市の自宅周辺の放射線測定した侑子の話。「自宅付近は0・2マイクロシーベルトだが、雨どいの下などは5マイクロシーベルトあり。だが、検査結果は示されても、対処法は示されない。道路一本隔てて補償の差もある。ホットスポット点在の所に放置されている自分たちは棄民かと」。普段、原発事故については何も言わない温厚な侑子にしては珍しく強い口調である。子どもに福島産は食べさせず、水も買う侑子の友人たち。除染、線量検査、食物安全を確認しながら生活している若い人たち。本当に、大丈夫とも大変とも言えない葛藤。ここに住んでも大丈夫と確信したい、忘れたい人の気持ちは痛いほどわかる。

7月16日　今日は35度以上になるという。こんな暑さの中で、代々木集会参加者、熱中症にならないかと心配するも、炎天下17万人も集まったという。飯舘村、放射線量に応じて避難区域を3区域にわけるというニュースもあり。妹たち桃収穫手伝いに来る。4日間手伝ってくれるという。その後、埼玉の弟も来る予定。

7月18日　大飯原発4号機も再稼働する。電力不足は口実であり、原発停止状態にしておくと電力会社が不良債権となり経営破綻するからとは博子さんと徹さんの弁。何かおかしい。大切なのは、公平性と倫理性。世代間対立や、原発を押し付けられた地域と便益だけを享受する都会との対立をあおるのではない政策が欲しい。東京電力は電気料金を値上げ。事故で既に1兆円の税金が投入され、一人当たり超過負担8000円とか。そのような情報が独り歩きし、それが被災者へのバッシングになることが怖い。

7月20日　肌寒く感じる。朝は寒いくらい。頭半分痛く、眠いのだが眠れず。「日川」がらもぎし、シルバーシート片づけ、それを「あかつき」の畑に敷く。雨降らず、土が固く、シート固定に難儀する。「日川」注文の最後の分、送付する。10時過ぎまでかかりくたびれる。手伝いにきていた妹たち帰京する。

7月30日　埼玉の弟、桃の収穫、田の消毒、草刈りと兄の手伝い予定通り進んで、明日帰るという。毎年の弟や妹の手伝い、兄もことのほか喜んでいることだろう。篤ちゃん、キュウリ持ってきてくれる。佐藤さんからは新種の桃いただく。とても甘い。夜は弟を囲んで晩餐会としゃれこむ。昨日の国会包囲デモ、官邸前は20万人の人の波であったとか。

8月12日　今年は、桃の穿孔病*多発。兄、収穫した桃が贈答用にならないことに苦慮している。「あかつき」は収穫終わる。今日はむし暑く、メガネが曇り良く見えない中で桃を採る。「まどか」も、がらもぎ。武夫ちゃんの奥さん、白内障、緑内障の手術も行ったが、ほとんど視力を失ったと気落ちしている。楢葉町は避難解除準備地域に。今までの基準、年2ミリシーべめている。

ルトは20ミリシーベルトの基準に。聞くことすべて心が重くなることである。田では稲穂が出初めている。

＊穿孔病：細菌によって起こる病害。果実被害や早期落葉が起こる。

8月15日 終戦記念日。国会議員50名靖国参拝。民主党閣僚2名参加。右旋回も甚だしい。仮設住宅に佐竹さんたち訪ね、1時間ほど話し、タマネギなど支援物資を置いてくる。仮設に住んで1年半、「昔の広い家を思わない、仮設と思わないことがストレス軽減の手立て、と自分に言い聞かせている」という。厳しい現実の中、頑張っている様子がうかがわれた。

8月20日 晴天、今日も暑い。相馬、松川浦、新地に丸森回りで行く。夏草が生い茂り震災のイメージ一変させるもまだまだ手つかずの所は多い。海に浮いていた家や一本足の家などは見当たらなくなった。

8月29日 今日も雨降らず。役場にバザール、フリーマーケットの申し込みをして、帰り篤ちゃん宅にまわり、キュウリ、トウモロコシなどいただいて帰る。どこへ行っても、皆、「暑い、暑い」の連発。国の中央防災会議「南海トラフ巨大地震で関東から九州の太平洋側で最大34メートルの津波と震度7の揺れにより、死者32万人が発生する」との想定を発表。さまざまなニュースは日々流れるが、皆はどうとらえているのかしら。

9月3日 今日、「川中島」収穫終わり、桃栽培の全行程終了。兄、「桃栽培は今年でやめる。米も、自家用米を除きやめる」という。昨年あたりから、それらしいことは漏らしていたものの、はっきりした宣言は今日初めて、兄なりに自分の体調など考えぬいた結論だろう。それにしても、父の代のリンゴから始まった果樹栽培の廃業宣告。来年から桃作業はない、と思うと感無量。今日は、昨日の分まで暑く、日差しが強い。午後は、桃ジャムもどき作りで終わる。

9月4日 雷雨。午後3時、激しい土砂降りのなか福島へ行く。阿武隈急行ガード下の下水があふれそうで怖い思いをするも、福島は雨なし。地域的なゲリラ豪雨、落雷である。久しぶりに頭痛。後頭部神経を逆なでするような痛みが右頭部半分にあり、歯肉痛もある。鎮痛剤飲んで幾分軽減する。

9月19日 雨、ほんの少し降っただけ。蒸し暑い一日で湿度80％近くあり。墓参。彼岸の入りで人多い。肩・上肢の痛み増強し、夜熟睡できず。台風16号、沖縄に甚大な被害与え北上、昨日、温帯低気圧になった。原子力規制委員会発足のニュースあり。

9月30日 台風18号心配だったが、ここは暑いくらいの晴天。借り上げ住宅にいる浪江町の人々を対象にした相談会が行われ、私も元看護師として血圧測定の役割で参加する。相談者、思ったより少なかったが、NPOやボランティアの方々の頑張りに脱帽。台風17号は、愛知に上陸する。

10月20日 かすれ声アップ。体調下降気味。健康教室を町の保養施設で開く。64名参加。原発事故の行方が全く不明なため、参加者の不安が増している様子ありあり。伊達市小国地区では、「除染の成果がなく1億円パーになった」との話も参加者からあり。どういうことか。

10月25日 少し動くと疲れて眠くなる。急に寒くなった感あり。昼寝をするも、寒くて目覚める。午後、少し散歩する。稲刈りも概ね終わるも、残った田んぼで暗くなるまで刈り取っている姿もあり。

10月29日 恒例のサークルOB会、今年は長野で行われる。毎年の仲間との出会い、本当に楽しく、身体の不調も忘れる。長野から東京に戻り妹宅に泊。妹、東京の様子を話す。「空間線量高かった公園は除染終わった。区では、『除染』と言わず、『清掃管理』と言う。除染した土の保管場所は明らかにされていない。葛西水再生センター汚泥焼却灰では、放射線量8000ベクレルが検出されたとか。篠崎公園0・127マイクロシーベルトで、新宿の0・053マイクロシーベルトより高いところあり、心配している人もいる。」

福島の自宅付近は、1・5マイクロシーベルトから平均0・39マイクロシーベルトであるが、それでも汚染の不安をあえて口にはしない。遠くにいても汚染による健康不安を案じる人々と、現地で生業を続けなければいけない人々と…。その微妙な温度差、複雑なものがある。

11月1日 兄、桃の木伐採を業者に依頼。昨日と今日ですべての畑終了。空っぽになった桃畑を見ると、なんとなく心落ち着かない。洋一さん、柿の木、実がついたままで切り倒している。何とも無残。アンポ柿は「干すと放射能が濃縮される」ということから、今年も出荷停止。柿は全滅。高圧洗浄除染で白樺様になった木肌も心をざわつかせる。当地は「農産物全品検査」で、野菜などはすべて基準値以下であるが、少し離れれば山林など除染されず山菜の一部は禁止。海や川の魚も規制対象品目が依然として多い。

11月2日 兄夫婦と、いわき市の借り上げ住宅に住んでいる姉の家へ行く。少し休んで楢葉町までドライブする。津波で流された跡、野草に覆われている無人になった町の光景は、やはり異様だ。義姉は、セイタカアワダチソウに覆われた、まだ築3年の姉の家を見て言葉もなく涙している。湯元から高速道で帰宅。所により紅葉の状態が違うことを目にする。何の影響か。

11月15日　放射能汚染学習会に参加。ホールボディ検査機器[*1]の購入について皆真剣であることに脱帽する。文科省の放射線副読本[*2]は「放射線の基礎知識と利便性」の内容に限定、福島事故については数行ふれているだけ。暮らしや産業での放射線利用を記載。放射線の効用をもとに便益を強調し、事故の時は避難指示が出されるなど意図的な内容があるという。良い放射能、無害説はこのように人々の意識に浸透していくか。博子さん「福島では、指示に従って高線量を浴びた人々が多いことは事実」と言う。

＊1　ホールボディカウンター：人の内部被曝線量を推定するための機器。
＊2　ジェット機で東京－ニューヨークを往復した時の放射線量0・2ミリシーベルトだから、放射線は怖くない。食べ物のカリウム40については、「人間の体にも欠かせない栄養素」と、放射性カリウムの区別なく記載。

11月18日　雨と風の強い一日。寒く、木枯らしで一気に柿の葉落ち、収穫されない実だけが、たわわにしだれている。検査済みの米届く。来年は自家用米だけになる。

12月7日　4時、肺ガン手術後、自宅療養中の疋田さんを見舞う。思ったより元気でホッとする。帰り、車の中で地震にあう。長い揺れに驚く。3・11がふと頭をかすめた。函館から中部地方まで震度4。三陸沖最大震度5弱と。

12月8日　午前、伐採した桃の枝を燃やす。午後、暗くなったと思ったら突風来て、西の鉄門倒れびっくりする。雪が来るかと思うも、少し雨来ただけで過ぎる。何となく体調すっきりせず、ここを乗り切らなければと思うが、心もついていかず。何をする気も起こらない。敦賀原発の地下に活断層ありとか。

12月26日 雪が降って、今日は桃の木の片づけなし。すごく寒い一日となる。第2次安倍改造内閣発足。これも寒い。民主党の失敗をあげつらい、また元の政治に戻そうとするか。原発推進、新増設の姿勢もある。「日本を取り戻す」「美しい日本」、メディアで流されるあいまいな言葉の数々が、何か心にひっかかる。極右の体制強化のような。日本の行く末はどうなるのかしら。

12月31日 大晦日。少しも年の暮れと言う実感がない。2012年、実被害・風評被害の中でここに生きてきた住民、忘れたい人。私たちは何が見えて、何が見えていないのかと問う日々であった。少しでもお正月を演出しようと花やリースを買う。墓参りも済まし、兄宅の仏壇に花を供える。今年は、静かに、夫と2人での年越し。「紅白」も「行く年来る年」も見ずに、早く寝る。

〈2〉汚染水はアンダーコントロールされている（2013年）

この年も、各地で地震、梅雨前線、台風、大気不安定による記録的大雨の多発がもたらされた。福島原発事故後2年、廃炉作業は困難を極め、目標の「デブリ取り出し」[*1]はその糸口さえつかめず、汚染水は増え続けていった。9月、安倍首相はオリンピック招致のため、「原発汚染水はアンダーコントロールされている」と述べ、さらに「原発輸出＝成長戦略」と経済優先政策[*2]で原発輸出外交を繰り返した。地元では柿などの特産物も全品検査で出荷再開されるようになった。事故の風化は、「忘れたい人」「忘れてほしい人」「忘れない人」が錯綜する中、徐々に広がっていくようであった。

＊1　デブリ：原子炉事故で炉心が過熱、溶融した核燃料や原子炉構造物が、混ざり合い冷えて固まったもの。

＊2　経済優先政策：「アベノミクス」「3本の矢の経済政策」「成長戦略」などイメージ的な言葉が躍り、国会では、圧倒的多数を誇る数の力で、プログラム法案、特定秘密法の強行採決などが行われていった。

1月1日　2013年、とても静かに穏やかに年があける。午前7時13分、日の出。ゆっくり食事する。今年も侑子たち一家、兄宅にそろって新年の挨拶に来る。今年はどういう年になるのか。

1月6日　福島の甥夫婦来訪。夫、甥にパソコンのサポートをしてもらう。食品線量測定器の話が出る。甥が測定できるという話に、アンポ柿の測定を依頼する。『なぜ東電と政府は平気でウソをつくのか』（小出裕章）を読む。何ともうそ寒い実態が見える。楢葉など除染作業での排水やゴミの投棄にも違法性あるとか？　そもそも、除染については私の中にも疑問がある。本当に出来るのか。双葉町長「30年は帰れない」と宣言するが、それも真理だと思う。

1月11日　風強く雪舞う。日本列島は寒気団が覆っていて、本当に寒い日が続く。甥から、アンポ柿の線量報告あり。セシウム137は、28ベクレル。基準値[*]以下の結果出る。蕁麻疹(じんましん)右腕に出る。原因は何だろう。

＊基準値：飲料水10ベクレル、一般食品100ベクレル、乳幼児対象50ベクレル。

1月13日　吾妻山、安達太良山、白い峰がすっきりと立ち美しい。穏やかで風も暖かく感じる。宮崎は暴風雨とか。信じられない。久しぶりに散歩する。誰とも会わず、車ともすれ違わない。家の畑ばかりではなく、思わぬところで桃の木が伐採され、空の畑になっていたり、柿の木が切り倒されていたり、そこかしこに変化がある。何となく気が晴れない。少しウツ状態。左腕関節まで痛みあり。膝の痛みもある。明日は全国的に雪の予報。寒くなるか。

1月17日　仮設住宅の佐藤さんと話す。飯舘の方々、安斎育郎先生[*1]を拒否という。これまでの山下教授の安全発言など[*2]、学者、専門家と呼ばれる識者の、被曝の見解の相違が混乱を招いている。人々の意識は必然的に「良い放射能」「無害説」に傾いていく。国の基準は20ミリシーベルトだが、事故前の基準は1ミリシーベルト。現地の人々の「早く忘れたい」というワラにもすがりたい思いに、「忘れてほしい」為政者の思惑が重なっているよう。今日は、二本松などは大雪で、会津より積もるも、ここは雪降らず。だが、とても寒い一日であった。

＊1　安斎育郎：立命館大学名誉教授。専門は、放射線防護学、平和学。「隠すな、ウソつくな、過小・過大評価するな」「事態を侮らず、過度に恐れず、理性的に向き合おう」と線量測定や除染など住民活動に関わる。

＊2　山下俊一：長崎大学教授。2011年3月19日「今のレベルならヨウ素剤不要」。3月21日「放射能は笑っている人に来ない。くよくよしている人に来る。100マイクロシーベルト超さなければ健康に影響を及ぼさない」。4月1日「飯舘村では今の濃度であれば健康に全く影響なし。国のいうことは正確なんだから、私は学者であり私のいうことには間違いなし」などと発言。

2月6日　昨日は大風が吹き荒れる。今日は朝から雪。雨混じりなれどもそれなりに積もる。南太平洋ソロモン諸島マグニチュード8の地震。太平洋岸に津波警報出る。高さ50センチ、津波到達には時間がかかるという。

2月24日　「春のバザー」打ち合わせで、篤ちゃん宅に6人集まる。小国の方たちや、アンポ柿農家の方々、原発事故の後遺症はとても大変と語る。2年たっても先が見えない。事故前の、のどかな暮らしは戻ってこないのだと実感。ならば声を出していくこと。もっともっと現地から実態を発言していく必要ありと、改めて思う。

2月25日　寒い一日。雪かきする。日光で震度5の地震あり。現地は、余震もあり、一日揺れている様子。気になって、服を着たまま寝る。

3月10日　一日中大風吹き荒れる。家、舟に乗っているように揺れる。東京では、昨日、日比谷公園から国会まで、原発ゼロを願う3万2000人の人の波で埋まり、今日は4万人の人々が国会前周辺大行動に参加したと聞く。国の原発回帰の方向の中、反原発のうねり、これからどう進むのだろう。忘れやすい日本人。期待と危惧、半々。

3月11日　午前は、強風が吹き荒れ、寒い一日となる。東北大震災後3年目に入る。テレビは一日中、震災後2年過ぎた「今」を報道している。私は、悪天候で列車運転停止もあり、手芸などしながら遠くから見守る。町内の三男さんからイカ、鈴木さんからゴボウいただく。

3月14日　昨日は黄砂多し。東京も春の嵐。強風が吹き荒れて、視界も1キロだったとか。朝、右肩、右膝が痛くなり息をすると右の背中も痛む。下痢もあり、また体調崩れている。午後には深呼吸による背中の痛みは消失。陽射しはあるが、風が強く寒い。

3月23日　「さよなら原発1000万人アクション」県民大集会に博子さんたちと、貸し切りバスで参加する。霊山太鼓や彼岸獅子、楢葉のじゃんがら念仏踊りなど、郷土芸能でオープンセレモニー。風あるもそう荒れずに、7000名の参加で無事終わる。よかった。

4月6日　総勢21名で、徹さんたちの「楢葉・富岡を巡る集い」に参加する。天候気にしながらとなるが、帰りまで雨降らず。「夜の森公園」の満開の桜を遠目に見て過ぎる。既に除染された楢葉と、6日前に一部帰宅が許されたばかりの富岡の違いを見る。市役所で降ろしてもらい、皆と別れ楢葉町の姉宅へ。姉の長男も来ていて、久しぶりの再会。姉、帰還に備えて家の中を点検している。

4月13日　手芸の会。久しぶりにオールメンバー集合。今日は花見しようということになる。博子さん手作り炊き込みごはんの他、各自持参した花見弁当、団子、桜餅などご馳走一杯。桜満開も、「今年の花の色、白っぽく色がない」と皆の言葉。はたしてどうだろう？　帰途、蓮池を見て帰る。兄の桃畑も蓮池に変身、今までの倍の広さになり、花が咲いたらさぞ見事なことだろう。淡路島でマグニチュード6・3の地震あり。

4月16日　桜、何処も満開。近所の京子さん、白血病？　入院必要も、老母を一人にできず在宅療養とのこと。心配になり見に行くが、顔色不良。相当具合悪い様子が見受けられる。どうしたらよいか、悩む。午後、私も整形受診。1週間に一度は来るほうが良いと。膝、注射後痛みダウン。やはり効果ありか？

4月21日　春の雪がドサドサ降る中、公道の部分の「いさらい」をする。午後、中学同級会に参加。総勢21人。英子ちゃん北海道から参加。なかなか昔の顔が思い出せないもフィーバーし、二次会11時過ぎまで。私は「いさらい」の疲れで早く寝る。

4月26日　桃仕事なくなり、博子さんに誘われ、手芸に加えて新たに陶芸を始めた。今日は、湯飲み茶わんを2個作る。朝から低気圧、雷雨と風で一日過ぎる。風はここの土地柄だが、さすがにこの強さには身が縮まる。桃作りをやめた兄、なんとなくイライラした様子見える。体調も良くないように見える。

4月30日　73歳誕生日。雨もよいの天気。長野、群馬では雪、東京は大風が吹いて荒れたとか。桜も桃の花も散り、いよいよ若葉の季節。リンゴの花ほころびスモモの花が満開となる。近隣では、田植えの準備の始まりか、水路の水が勢いよく流れている。ツバメ2羽、電線に止まっているのを見る。JA支店長が誕生祝を持ってきてくれる。夫たち、東電副社長来る、と言うので二本松へ行くも、「副社長来ず」とがっかりして帰ってくる。

5月1日　長野、群馬、低気圧で降雪、野菜果物に大きな損害ありという。暗雲立ち込め時折雨も、ここは大雨にはならず。東京では、安倍首相、中東地域への原発輸出を表明、原発推進の姿勢に心痛む。その上、「9条改憲、国防軍の明記を」等々、軍国主義への願望も露骨に示されて集会では、「天皇陛下万歳」まで叫ぶ。利用できるものは何でも、天皇までも利用するのかと興ざめする。

5月5日　霊山里山学校での「そば祭り」に参加。そば、もう一盛食べたいと思うくらい美味。若葉がとてもきれい。心和む田園風景も、車の中は暑く倦怠感アップ。今年、ツバメの姿あまり見ない。付近では田を耕す姿が多く見られようになってきた。伊豆近海でマグニチュード6の地震、それもやはり気になる。夜9時過ぎ、また風が強くなる。

5月14日　今日も暑い。県道で気温27度ある。兄宅の野菜の苗植え手伝いで、久しぶりに大汗かく。苗植え付けの後、目の前が一瞬暗くなり、水を飲んで回復する。

5月18日　何となく所在なしも、少しだけ散歩。博さんの田でタニシの大発生を見る。今年は風が冷や冷や、ヤマセのよう。「苗が育たない」と会う人会う人異口同音に言う。兄宅玄関にツバメが巣作り開始。散歩の後、倦怠感強く、横になって休むも右半身の痛みアップ。梅雨に向かって、体調ダウン気味か。少し負荷をかけると目の前が暗くなる。3時頃、震度4強?の地震あり。

5月27日 気温28度。暑いが風あり。近所の摘果作業手伝い、一日行う。久しぶりの労働に気持ち高ぶり、あまり疲れ感じない。先日の東海村実験施設で放射能漏れ事故、4人被曝最大2ミリシーベルトという。原発、人の手でコントロールできるものではないことを改めて思う。敦賀原発、真下に活断層あり。廃炉へ加速を期待する。

6月4日 今日は暑く福島市の気温30度。地震あり。福島沖震源地震度4。楢葉、福島震度3。この頃また小刻みに揺れている感、頻繁にあり気になる。あちこちの田にタニシがいっぱい発生している。やはり、何か異常?

6月12日 雨来るかと心配だったが、一日雨来ず。桃の袋かけ手伝い、4人で行う。町の広報放送。「熊が出た、猪が出た」と何回も放送あり。熊肉など今も汚染度高く食べられないが、事故は山の動物たちの生態にも影響を及ぼしているか。

6月20日 晴れ。少し蒸し暑くも夕方は涼風吹く。西日本以南は大雨。台風と梅雨前線がぶつかり、湿舌がのびて大雨降らせているという。梅[*1]4キロ、ラッキョウ酢につける。すっかり熟して、足の踏み場もないほど落ちている。それでもまだまだ実をつけていて、もったいない感がする。兄宅の玄関のツバメの巣、ヒナたち大きく口を開けている。高市早苗自民党政調会長の「原発で死者出ていない」[*2]の発言、心に刺さる。福島県では18日現在、事故による避難などにともなう関連死者が1415人にのぼる。

＊1　梅、前年度までは出荷制限だったが、今年度4・5ベクレル、基準内となる。

＊2　「福島第一原発で事故が起きたが、それによって死亡者が出ている状況ではない。最大限の安全性を確保しながら原発を活用するしかない」（高市早苗氏の発言）。

6月25日　暑い。雨の予想50％というも、雨降らず。郡山はゲリラ豪雨で駅前水あふれたという。ここからそう離れていないのに、遠い国の話のよう。午前、味噌作りの第一歩としての豆を畑に蒔く。メディア、「アベノミクス」経済政策を頻繁に取り上げるも景気が良くなっている実感しない。内容もよくわからない。言葉、イメージだけが独り歩きしているよう。

6月30日　夕方山背（やませ）が吹き、肌寒い。大豆芽を出してくる。今後の手入れに留意する必要あり。福島甲状腺ガン確定者、新たに12人という。甲状腺ガン確定計179人。国が何と言おうとやはり尋常ではない。

7月8日　今年も半年過ぎた。早いものだ。ツバメの巣立ちも間もないのだろう。仲間のツバメがやってきて巣立ちを見守っているよう。篤ちゃんが持ってきてくれたキュウリで、佃煮を作る。キュウリ3キロ、切るだけで一苦労。原子力規制委員会による新基準[*]の施行。原発再稼働への布石？　福島では何も解決していないのに。経済優先の先に何があるのか不安。

＊福島第一原発事故の教訓を踏まえ、①重大事故対策の強化、②最新の技術的知見を取り入れ、既に許可を得た原子力施設にも新規制基準への適合を義務づける制度（バックフィット制度）の導

入、③運転期間延長認可制度の導入、④発電用原子炉の安全規制に関する原子炉等規制法への一元化、などの措置を講ずるなどを盛り込んでいる。

7月18日 昨夜は大雨降り続き、空全体が暗雲に包まれ、午前は時折雷、肌寒い一日となる。参院選、新聞の「自民党の1人勝ち予想報道」に国民はどう反応するか、投票誘導にならないか心配である。一日雨。山形・庄内地方豪雨で大変な水害起きている。体調はかばかしくなく何をする気も起こらない。

7月22日 参議院選結果。自公民圧倒的多数には肌寒いものを感じる。両院、連立与党が多数を占める。テレビは、「ねじれ国会解消」というが、これで、法案等すべて政府与党の思いのまま通ることになるか。日本の行く末どうなるか。「決められる政治」の言葉の裏の不気味さを感じる。

7月23日 旧友の岡本が白血病と院内感染で苦しい闘病をしていると、金沢さんから知らせあり心配。手紙書く。明日、投函しよう。選挙が終わって、東京電力、汚染水の海への流出認める。都合の悪いことはいつでも選挙の後に公表される。

7月25日 元職場の後輩看護師から、電話で「桑原さん肝ガン、末期」と知らせてきた。抗ガン剤効果なく腹水、黄疸ありと…。持田さんは、膵ガンの手術を1年前施術。岡本の白血病、皆難治性。心配募る。

7月28日 夫「暑い、暑い」の連発。山陰地方は水害で大変。一日で1か月半分以上の集中豪雨。こんな異常気象が、当たり前のことになることに不安。桃、近所の方から平箱で20枚分購入し、お中元として送付、配布する。終わってホッとする。

8月6日 梅雨明け宣言にも関わらず曇天。雨降り、蒸し暑さこの上なし。桃の収穫はなくなったが、例年通り東京から兄弟姉妹集まり、10人での賑やかな夕食となる。12日まで、この賑やかさ続くだろう。東大、福島第一原発から20キロの海底に放射性セシウムの濃度が高い「ホットスポット」が40か所発見されたと発表。今日は、広島原爆忌。核兵器廃絶共同声明に署名せず、式典では核兵器廃絶訴える安倍首相。彼の言葉の空疎感、なんともはや。

8月9日 長崎原爆忌。長崎市のアピールに拍手。今日も、34度超えの猛暑。秋田、岩手の豪雨、史上かつてない強さとか。この町でも「生業裁判の会」[*]発足する。訴訟という慣れないことに立ち上がった住民。「ここは腹をくくってがんばるしかない」と、徹さんや博子さんは言う。国と東京電力の事故責任が問われず、きちんとした謝罪もないまま加害者が被害者の賠償額を決めるルールでの補償の不公平感は絆を断ち切り、地域を分断した。何が本当かわからないという情報不信の中で、時が過ぎ、事故が風化していく。その重い現実を直視し、未来のために原発廃止と責任を求めていくこと、「忘れない人」の姿を示すことは大事と思う。

＊「生業(なりわい)を返せ、地域を返せ」福島原発訴訟。国と東京電力を相手取った集団訴訟。通称「生業訴訟」「生業裁判」とも。

8月13日 今日も暑い一日となる。盆迎え火の日。稲穂の花見つける。猛暑の中の稲の花。今年も豊作となるだろう。長野から、武夫ちゃん夫妻線香上げに兄宅に来宅。奥さんの目、ますます見えなくなっている模様。「この辺は、蝉の声しないね」と言う。全国各地も猛暑。昨日、高知の四万十川で41度と日本一の暑さ。東京は豪雨。大変な天候続く。地球規模で気候の変動、気になる。

8月25日　裏磐梯のデコ平湿原に、長距離移動する蝶「アサギマダラ」見に行く。ヒヨドリバナの蜜を吸いながら、台湾にまで飛んでいくという。天候に恵まれ、山母子草、リンドウ、ヤナギランなど花々も楽しめ、久しぶりに山の香を吸ってきた。里に下りれば、アキアカネ、澄みきった青空に飛ぶも、原発の放射能汚染水漏れ、レベル3（重大な異常事象）に引き上げ、のニュースに心が揺れる。

9月5日　真夜中から朝にかけて雷鳴轟く。みんな不眠。午後3時頃から大雨。頭痛、かったるさ、眠気とボヤっとした感じ気になる。加齢の波は確実に迫り、進行しているか。北関東では竜巻発生のニュース。

9月8日　早朝4時、雨の音で目が覚める。相当量の降り。このところテレビはオリンピック招致ニュースで賑わっていたが、東京に決まる。7年後、生きていれば80歳。あまり関係ないか。それにしても、安倍首相の安全約束。「福島第一原発は完全にコントロールされ、放射性汚染水は福島第一原発港湾内に完全にブロックされている」に絶句。それが本当ならうれしいが、現実は何も解決していない。そんなに簡単に約束できるものなのか？　語られる言葉と事実の相違は明らかなのに、「疑問なし」のように報道されていることにも心騒ぐ。

9月9日　晴天。今日も、30度まで室温上がる。アメシロ（蛾の一種）の繁殖力すごい。庭木が丸坊主になっている。*東京地裁、菅直人元首相はじめ40人全員不起訴処分。それ以前に、国策としてなされてきた「原発行政」の責任は問われないのだろうか。反対意見が出しにくい過疎地の共同体に札びらで建設されてきた原発。「責任」という言葉が、空疎化しつつあるこの国で、事故についても誰も「責任」を取らない。「忘れたい人」「忘れてほしい人」「忘れない人」の錯綜の中、つけは、「未来」に丸投げされるのか。

＊福島住民グループが、原発事故について、東京電力の旧経営陣や菅元総理大臣など40人の刑事責任を告訴。

9月15日　雨降ったり止んだり。台風18号近づいて本土直撃の予想に緊張している。蒸し暑く不快指数100%。両膝の痛みアップ。関西電力の大飯原子力発電所4号機が定期検査のため運転を停止。国内での稼働原発は1年2か月ぶりにゼロとなった。

9月17日　昨日は一日、台風18号の本土上陸のニュースにしばりつけられていた。京都桂川、渡月橋も水が上がり、20数万人に避難勧告。熊谷では突風で被害あり。近年の台風のコースの変動。地球の気候変動と無関係ではないのではないか？　この辺は大過なくスーッと通りすぎ、今日は、台風一過の日本晴れ。ゴミも放射性物質も皆運んで行った感じ。すがすがしく四方の山の青さが気持ち良い。

9月21日　30度まで気温上がるも彼岸の秋晴れ。さわやかな一日となる。福島第一原発で、台風18号襲来時、タンクエリアの漏洩防止用堰あふれ、高濃度汚染水300トン海に流出、600億ベクレルという。汚染水問題、コントロールどころか解決のめどもない。凍土壁の導入などあるが、効果は？

10月4日 仮設住宅に佐藤さん訪ねるも不在。留守番のおばあちゃんと話す。「体は楽だが、心が疲れる」の言葉にドキッとする。

10月8日 台風は熱帯性低気圧となり、各地でフェーン現象発生、猛暑日をもたらす。ここも、風あるも室温32度。夕方兄宅に新米届く。昨日刈り取った稲が線量検査も終えてコンテナに納まっている。自分で作った米を食べられること、兄も感無量というところか。

10月16日 台風26号は、伊豆大島に大きな爪痕を残して温帯低気圧になったが、北海道では初雪。25日早い積雪という。台風この辺は大過なく過ぎる。夕方、東の空に大きな虹が色濃く出ていた。午後、アンポ柿出荷再開に向けて、篤ちゃん宅の柿作業場の片づけ手伝いをする。震災後初めての片づけ。かなり荒れている。2年半過ぎると、きちんと密封していてもこうなるのだから、避難している人々の残された家の様子思いやられる。「ネズミの被害で家に帰る気力が失われている」と言われているのがよくわかる。

10月31日 篤ちゃんの畑の柿落とし、9時半から12時まで手伝う。2年前は出荷自粛。その後、汚染濃度の高い枝の剪定や、樹皮の高圧洗浄、検査など安全追求の数々を行ってきた。来年からは出荷元通りにできるようになるか。祈るような気持ちである。

11月6日 ホールボディの検査3時から行う。基準値クリア。衆議院で、特定秘密保護法の強行採決。しかし、NHKなど「強行採決」の言葉は使わない。国会前の人々の反対の声を無視するような、国におもねるような、マスコミの姿勢、それに誘導されているような右舵一杯の世相、どうなるのか、気になる。

11月22日　18日、東京電力福島第一、５・６号機の廃炉決定。今日の、反原発国会大包囲、1万5000人。東京では、原発廃止の行動粘り強く続いているという。
12月6日　秘密保護法廃案を求める声、国会を包囲するも、夜11時、参議院通過。多数決が民主主義とは限らない。大切なのは、少数者の声をどれだけ取り上げることができるか。それがなければ、独裁と変わらないのではないか、という博子さんの言葉に同感。
12月15日　朝、一面の銀世界。10センチくらいの積雪あるか。雪を見た途端何をする気もなくなり、柚子のマーマレードを作る。柚子の香りで癒されるも、夜はまたひどい大風で、飛ばされた雪が小山のように道をふさいでいく。大揺れの中でまんじりともせず夜を過ごす。
12月17日　昨日の雪片づけがたたり、腸腹筋あたりに激痛走る。コルセット装着、マッサージ施術でいくぶん軽減。国家安全保障戦略が閣議決定。戦争への道の地ならしが進んでいくのかと不安。かつて一緒に働いた丸尾先生から「目玉を取り替える」という詩が送られてきた。その表現に脱帽。やはりすごいドクターだ。感動あまりある。
12月23日　一日、年賀状宛名書き。国、ＰＫＯで南スーダンに弾薬供給。なしくずしに戦闘に加わっていくような気配に心痛む。福島原発５・６号機廃炉決定、すべて廃炉となる。福島はここからが、出発か。
12月31日　冷蔵庫、戸棚など片づけ、掃除機かける。正月の気分なしも、せめて色どりを添えようと花を活ける。兄宅で一応の年越しを形ばかり行う。安倍政権は、民主党政権の失望、アベノミクスの期待感から高い支持率キープ？　数の力で異見を封じる国会の在り方が「決められる政治」という言葉で表現され、それが人々の意識に入り込んでいっているようにも見える。言葉の定義が曖昧なまま、秘密保護法など強行されていく。原発事故から3年、この地でも「『生業を返せ、地域を返せ』福島原発訴訟」の会発足する。「忘れない人」の存在を示すとしても、まだまだ少数。「忘れてほしい」安倍政権の「原発推進」姿勢が、「忘れたい人」たちの意識にどのように影響していくか、懸念大。気分ざわざわとしたまま今年が終わる。

第4章　風化――「そんなこと、あったね」

〈1〉3年後の「除染」（2014年）

　この年も、2月の関東から北海道まで襲った大雪や暴風雪を始めとして、御嶽山噴火、広島集中豪雨、多発する台風、猛暑、地震など自然災害が日本を襲った。異常気象という言葉も人々の耳に聞き慣れ、目新しいものではなくなった。福島では、農産物は全品検査で出荷されるようになり、各地の除染の進展、それに伴って、帰宅困難区域解除が順次発動されていった。「風の里」でも、地域すべての家の「敷地内除染」が完了、柿出荷も再開した。

　人々は、原発事故について話すことがタブーであるかのように口を閉ざした。時の政権は、それを見越したように原発輸出外交、原発回帰の流れを進めていった。この年、消費税8％がスタート。集団的自衛権の閣議決定など、強権的な政治が進められていった。

1月1日　後期高齢者まであと1年の年明け。感無量である。考えてみると愚痴っぽく気が短くなったような気がする。忘れっぽく、探し物をする時間も多くなった。「現実」を受け入れる度量を高めたいとも思う。元日一日ゆっくりと過ごす。

1月2日　嵐の吹きすさぶ一日となる。テレビでは、原発問題、「お金、お金」と経済面からの討論のみ。汚染水も、再稼働も、除染も、お金にまつわるものだけが討論の中で突出している。考えてみれば、半世紀近く「経済優先」で進んできた日本。原発もその流れにある。「経済優先」の思考を転換できなければ、危険とわかっても「原発」は温存されていく。

1月3日　金沢さんから、「岡本死亡」の報を受ける。白血病で余命6か月と言われ、自宅で闘病、まさに6か月で逝ったという。何とも信じられない。岡本のあの笑顔忘れられない。詰襟姿の高校生から今までのつきあい、兄弟以上の親密なつきあい。震災時、真っ先に電話をくれたのも岡本、喪失感は大きい。

1月16日　今日も寒い。山脈の重なりがくっきりと浮かび上がり、いつも一つの山の塊に見えるものが、一つ一つの独立した山であることがわかる。楢葉町はここから見ると、相当南に位置しているのだろうと思う。北西には雪雲が暗く立ち込めている。「生業裁判原告団」の新年会に参加。参加者それぞれの町の様子聞く。雑草が生えている黒いフレコンバッグの山。毎日増え続ける汚染水。原発事故の処理はいろいろな問題をもたらしており、複雑多岐にわたる。本当に罪深いものがある。「事故前の元の生活を取り戻したい」。それは無理と突き放されても、この地で生きている者の切ない思いがこの裁判の基本なのだろう。

2月9日　大雪。何年かぶりの降雪量。車を出せず、雪かきを実施してもらう。それにしても今年の雪の多さ。歩く所だけの雪かきでも腰痛が出る。東京も45年ぶりの雪とか。宅配便車両も、雪につっこんで動けなくなり、シャベルで掘り出しやっと動く。兄、呼吸つらそう、体調悪化、傍目にもひどくなっている。

2月23日　今日は一日晴れの良い天気。この近年の天候不順は心配だ。各地の豪雪被害も大変な様子。環境問題の国際会議あるも、経済優先で「打つ手の提案」はなかったという。

3月1日　何となく春の陽気。ウクライナ情勢きな臭い。平和であることを願う。仮想通貨「ビットコイン」、アクセス不能とか。私らには無縁のものだが、世の中このようなもので動いていくことに不安を感じる。

3月11日　小雪舞う寒い一日。あれから3年過ぎた。町から、半旗、黙とうの放送あり。東京では、9日の原発ゼロ統一行動で日比谷公園に3万2000人集まり、国会を包囲したという。しかし、安倍政権、批判的な市民の意見や声はただ「聞くだけ」。「原発依存低減」といいながら、「化石燃料依存増大、温室効果ガス排出量増、電気料金上昇」と原発を認める二枚舌である。「民意」を都合の良いときに使い、特有の言葉の言い回しが真実を見えなくする。事故によって明らかになった「原発のコスト高」という事実は封印され、「国策」「最も厳しい基準」などの言葉が人を誘導しているようだ。報道を聞くなかで、規制委員会への不信も募る。本来なら信頼しなければならない「国の公的機関」への不信が、払拭できなくなっている。「最も厳しい基準」の言葉が踊り、帰還促進大運動もある。「福島では放射能不安の話ができない」というのは事実で、その雰囲気を私も感じている。つい目と鼻の先の浄化センターには、放射性セシウム濃度1キロ当たり8000ベクレルを超す下水汚泥が、2万5000トンも保管されている。近くを通るとき、その異臭が「事故が収束していない現実」を呼び起こす。しかし、それも「臭気対策費40万円」で人々を沈黙させるのか。除染で出た黒いフレコンバッグもあちこちにある。故郷に帰れない人14万人。原発作業員の被曝、使い捨てなどの現実は目隠しされている。安倍首相は原発推進の立場を崩さず、原発輸出外交、原発回帰の流れを意気揚々と強めている。マスコミ始め、皆それに追従する。日本中に欺瞞と嘘が満ちあふれていくと感じるのは私の思い過ごしか。終日、本を読む。田中正造の「百年の悔いを子孫に伝えるなかれ。真の文明は山を荒らさず　川を荒らさず　村を破らず　人を殺さざるべし」の言葉、改めて胸にしみいる。

3月25日　「生業訴訟模擬裁判」を傍聴する。相手の言い分は、「金がない。元に戻すのは不可能。だから門前払い」という主張、本当に企業の論理そのものである。大企業、経済優先の中で、末端の住民の救済など顧みられないか？　環境省は、原発と甲状腺ガンの因果関係を否定しているが、それで被災地の人々の不安が消えるわけではない。国と企業の一体感が透けてなんとも嫌な感じ。

3月29日　俳優座「樫の木坂四姉妹」観劇。長崎被爆者の家が一瞬にして日常生活を奪われ、その後の苦と理不尽さは、形は違うも原発事故で失われた日常生活とオーバーラップする。平凡な生活が土台から変化してしまう。その恐さを感じる。

4月1日　一日、近所の摘蕾手伝い。今日は暖かく摘蕾日和も、消費税8%今日から。国では生活保護法改悪、不正受給に対する罰則強化。武器輸出3原則に代わっての防衛装備移転3原則の制定等々。それこそ、エイプリルフールであってほしいというような事柄が次から次へと決まっていく。

4月3日　摘蕾手伝い、2時30分まで行う。午後から雨。国連科学委員会から「原発事故による大人のガン増加予想していない」という報告書発表あり。事故後1年の線量大人9・3ミリシーベルト、1歳児1・3ミリシーベルト。避難区域外の福島県内大人4・3ミリシーベルト。被曝線量100ミリシーベルトまでは明らかな健康被害は認められない、という数字に基づいての主張。チェルノブイリでは5年たってから多発。3年で断定できる？　安心していいのかしら？　なにより、雨風に打たれて農民は仕事をしている。個々人で異なる被曝量や時間の関係が気になる。

4月11日　一日強風吹く。雨。桜、まだ一分咲き。今日閣議決定で、エネルギー基本計画示される。原子力を重要なベースロード電源*に位置付けるという。原発ありきの骨子。原発輸出は、アベノミクス成長戦略の重点であるとか。身体の不調に追い打ちをかけるような国の動き…。実際なんとなく体調悪い。

＊ベースロード電源：季節、天候、昼夜問わず、一定量の電力を安定的に低コストで供給できる電源。

4月13日　今日は近所の人たちとお花見。温かく静かな日となり集会所の桜も満開、本当に良い花見日和となる。熊本で鳥インフルエンザ検出、11万羽殺処分。どこまで広がるか心配。町内の松田さんは肝ガンの手術施行。ガン患者が出る度に、先日の「福島事故によるガンの発生増加は予想されない」との報告、頭をよぎる。関連、検証はいかに？

5月6日 博子さん、篤ちゃん、生業裁判原告の人たちと一緒に西山登頂。脚力不安もあり、無理かと思っていたが無事山頂に着く。新緑心地よい。総勢21名、豚汁を作り食する。登ってよかった。登れて自信がついた。

5月14日 天気は曇天でも暑さを感じる。午後田植え。兄、米作りもやめ、来年からはすべて小作に出す。勉さんに、お願いしているという。ということは、自前で行う田植えも今年で終わりか…。夜、勉さん夫妻も招いて、早苗饗（さなぶり）の祝宴をささやかに行う。

5月21日 福井地裁大飯3、4号機運転差し止め判決あり。勝訴！ 励まされる。「豊かな国土とそこに国民が根を下ろして生活をしていることが国富であり、これを取り戻すことが出来なくなることが国富の喪失」。久しく聞かなかった理性的な言葉である。裏の畑の草退治。本来なら、フキやウルイ、タケノコ、いろいろな野草の恩恵にあずかる季節。まだセシウム汚染の心配をしながら、大丈夫そうなもので食卓を飾る。

＊福井地裁裁判長・樋口英明「日本には強い地震に耐えられる原発はひとつもない」。

6月1日 今日も33度超える暑さ。風が吹く中、桃の摘果手伝い。暑くて顔がピリピリして痛い。今日から「福島からの上り新幹線」は無料。喜んでいいのかしら？

6月4日 暑くも風ある日。キジが鳴き、カッコウ鳴き、カラスが悪さをする。桃畑は、この上なくのどかである。夫は「公害大行動」で上京、夜遅く帰宅。確かに、原発事故は最大の公害といえる。汚染水は毎日漏れていて、国は海洋放出をねらう。1、2、3号機からは今もセシウム放出中。県内外には14万人の避難者。除染も金儲けにつながり、避難区域指定解除再編も、賠償打ち切りへの道筋か。安倍政権の原発輸出政策だが、原発ゼロ選択の道もあるはずと思う。テレビでは、「STAP細胞」論文撤回のニュース繰り返しのみ。コマーシャルも、繰り返しで人々の意識に入り込むが、これも同じか。

6月13日　一日袋かけ手伝い。風雨心配するも、昼パラパラ来ただけ。国会は、反動的法案が次々と通っていく。とても恐ろしい。数で押し切る政治の在り方は、本当に民主国家といえるのだろうか

6月16日　半日袋かけ手伝い。石原伸晃環境大臣、除染廃棄物中間貯蔵施設建設で「最後は金目でしょ」と発言。それは逆に言えば、彼らには、金しか頭にないということ。静岡の友人マリコから久しぶりに電話あり。生業裁判の署名で原発事故を知人に話したら、「そんなこと、あったね」という反応でびっくりしたという。確か、原発事故直後、静岡のお茶にセシウム被害が報道されたはず。石原の発言とあいまって、事実もゆがめられたまま風化していくのかと心暗くなる。

7月1日　今日も桃の袋かけ手伝い。今日は「黄金桃」。途中雨来るかと心配するも、2、3粒落ちただけ。集団的自衛権、閣議決定したという。憲法解釈変更。がっかりしてしまう。安倍政治、歴史に残るだろう。テレビでは、兵庫県某議員の「号泣会見」繰り返し。ニュースバリュー、視聴者受けはこちらの方が大？　なんともはや。

7月10日　桃「初姫」、春男さんからコンテナ3箱分いただき、姉妹たちに送る。色合い、匂いとても良い。台風8号の影響で梅雨前線が刺激され、全国各地で「初めての経験」という地滑りや大雨被害大。ここは、雨あるも心配するほどのことはなし。

7月16日　原子力規制委員会で、川内原子力発電所1、2号機の安全対策が新規制基準に「適合している」という。再稼働の前提条件である安全審査に全国の原子力発電所で初めての合格だが、どうなのだろう。確か皆、老朽原発のはず。

7月23日　夜、生業裁判原告の方たち13名と暑気払い。参加者それぞれの思いの丈を語り合う。司会もユーモアにとみ面白かった。帰ってから、東京電力、2013年8月の第一原発3号機の瓦礫撤去作業で、放射性物質が最大で1兆1200億ベクレル放出されたとする試算公表のニュースあり。数字の実感わかない。

8月2日　今年も、室内で36〜38度超えという蒸し暑い日が連日続いた。梅雨も明け、本格的な夏の到来。今日も雨降らず、雷鳴のみの暑い一日。四国地方は台風11号、台風12号による大雨。会津のほうは大雨らしい。

8月13日　ツクツクボウシの声を聞く。ミンミンゼミと一緒に鳴いている。稲穂が出そろう。今日は何となく秋の気配。暑さが影をひそめ過ごしやすい。兄、盆の段飾り、今年はしないという。持病の悪化で段飾り用の竹を切ってくることが出来なくなっている。父が逝って20年、提灯だけ飾ることになった。蓮の葉4枚採ってきて、仏壇に迎え膳の用意する。

8月23日　草むしり始めたら雨降りだす。今日の気温は少し低温。29度。30度を下回るとなんとなく涼しい感ある。広島の土砂災害[*]について、広島共立病院の泥かきの様子を新聞で知る。1階は全滅。MRI装置も使用不能になる。大変な災害である。近年の災害、異常気象、一時的なものでなく地球規模で起こっている現象か？　原発立地地にこのような災害が起こったら…。福島どころではない被害が日本中に広がる危惧、心をよぎる。これからの残暑、天候不順も心配。

＊「広島豪雨」とも呼ばれた8月の豪雨・線状降水帯による災害。

9月14日　一日晴れも時ににわか雨来る。久しぶりに散歩。稲田は黄金色一色、もうすぐ取り入れ。空は異様な雲のところや、積乱雲。真っ青に晴れあがった空に色とりどり。コスモス満開。秋の気配濃厚。今年は残暑ないのかしら。夕方、弟の「スタジオ大垣」にフルートとピアノのコンサートを聴きに行く。弟は、事故後放射能測定などの業務についていたが、「思うところあり」とNPO活動開始。自宅の蔵を改装、ライブハウスを造りコンサート開催などを始めたが、それなりに順調のよう。

9月19日　敷地内除染[*]始まる。3年半経ってようやくこの地にも除染が行われる。除染のためのモニタリング午前行われる。東京代々木公園の「さよなら原発集会」はデング熱のため開催見合わせというニュースあり。

＊2012年9月から始まり、全住宅の半数以上の除染が行われた。2015年9月全戸終了する。一般的に表層土を数センチ〜5センチの深さまで剥ぎ取り除去する。

9月26日　木曽の御嶽山の噴火、大変な被害で、50人以上の死亡者あり。近年の災害、何がいつ起こるかわからない。ケンちゃんの家では家族総出で稲刈り。町内一番乗りで終わる。庭のキンモクセイの甘い香りが、空気を浄化するように漂う。

10月6日 このところまた膝、大腿部のしびれが現れてきている。無理は禁物。台風18号、静岡に昼前上陸、「楢葉町停電」のテロップ流れるも、ここはたいしたことなく通過。ホッとするも、19号週末また到来とのニュースあり。

10月13日 除染前の片づけ、昨日に続いて行う。すっかり疲れて午後は動けず。腰痛あり。19号台風枕崎に上陸。大型で接近は夜半になるというので、万一に備え、着替えせず床につくも、大過なく過ぎる。

10月18日 兄宅の除染、それなりに進んでいる。組長として、防災訓練参加者確認など行う。昭二さん宅でお茶のみ、キミちゃんと話す。午後少し散歩。稲刈りも大方終わり秋本番。朝夕は濃霧が里を隠し、寒さを感じる。

10月21日 兄宅に続き、我家の除染終わる。庭、見違えるようにきれいになる。

10月26日 除染、東地区の2軒同時進行。除染も大詰めである。事故後3年半たってようやくであるが、今年中にはこの地区の除染も終了か。福島県知事選、投票率歴代ワースト2。これからどうなるか。兄は初めて棄権する。久しぶりに散歩。糸のような三日月、西の空にある。

10月28日 仮設住宅に避難している浪江のみずきさんの自宅見回りに同行する。午前8時、マスク*、帽子、長靴、上着、身分証明書など持参して出発、山木屋から浪江の高線量の中を行く。みずきさんの家を見て、請戸小から希望の牧場を通り、南相馬の高田くんの家を左に見て、八木沢峠を経て飯舘を通り帰る。浪江は、まだまだ暗中模索の中にあり。

＊帰還困難区域に入る時は、各自治体に氏名、日時等必要事項を申請。放射線防護のための必要な装備（防護服、雨合羽、帽子、マスク、靴カバー、ゴム手袋）を確保し、各区域を出る際には確実にスクリーニングおよび必要な場合は除染実施など義務づけあり。

11月8日　一日快晴。秋日和が続いて、柿の収穫に皆大わらわ。篤ちゃんも柿と小豆の収穫で大忙し。豆打ち作業手伝いのSOSあり。午後いっぱい手伝う。

12月12日　朝寒かったが10時近く陽が出てくる。寒波引き続きやってくるという。咳、痰、喘鳴、どうも風邪の具合悪化している。吾妻山火山性微動あり。レベル2に引き上げられる。今年の漢字は「税」となった。消費税8％が、次はもう10％の準備がなされているとか。出荷自粛されていたアンポ柿、出荷再開となる。注文しておいたアンポ柿、篤ちゃんが届けてくれ、友人親戚たちへ送付する。

12月15日　参議院選結果出る。出口調査、こんなに正確に出るのか不思議である。安倍政権下で進む右傾化が心配だ。風邪一進一退。あまり調子よくない。寒波もまた来る。今年も、まだ荒れそうだ。

12月31日　今年も終わる。2014年あまり良いこと無く過ぎる。5年日誌も終わり、感無量。来年は「後期高齢者」の仲間入りとなる。人生のゴールは自分で決めるものではないと言われるけど何となくネガチブになる。安倍政権の下、痛みを伴う改革で国民に負担を負わせる政治に高齢者の生きる道は厳しい。

新たに、5年日誌を買ってみたが書き終えることができるか。書き終えると80歳になる。父も生涯、日記を書き続けていたが、何を思っていたのだろう。私が原発事故後の日々を記録していることにも何か意味はあるのか。前途に楽しみは少ない。この5年間いろいろあった。原発事故しかり。親しい人たち多くも身罷（みまか）り、日本の政治は右へ右へと右旋回。憲法9条はまだ何とか持っているが、教育基本法、秘密保護法、集団的自衛権と外堀が埋められ、年末の総選挙では17%の票で3分の2以上の議席を占める。あとはなんでもござれ、支持されたと安倍政権、得意満面。来年はどうなることやら。不安が募るばかり。

3年半たって、町内すべての家の除染が行われたが、それまでの低線量被曝の影響はどうなのだろう。「そんなことあったね」という、人の何気ない言葉にショックを受ける。忘れられていくのが怖いが、忘れたい人の気持ちもわかる。外は雨。寒さが緩んでいるが年明け頃には雪になるか。寒気が日本の空を覆っているという。

〈2〉帰還（2015年）

この年も、地震、台風、集中豪雨などの自然災害は続き、世界で多発したテロ[*]も相まって、人々は不安をあおられた。そのような中、集団的自衛権、特定秘密法、安保法制、共謀罪法、辺野古基地問題、カジノ法強行の布石が敷かれ、原発再稼働もなされていった。震災以後、福島県は県外転出による人口減少が続いていたが、9月5日、第二原発のある楢葉町の避難指示解除準備区域の解除がなされ、7215人中、718人が帰還した。その中には、彼女の姉の姿もあった。木戸川のサケ漁も復活、町にある保養施設「潮風荘」も営業再開した。少し離れた第一原発付近は、なお高度の放射能値が観測されたが、木戸川流域にはコスモスが咲き乱れ、無人となっていた集落に小さく人の姿が現れた。

＊イスラーム過激派組織ＩＳＩＬ（アイシル）が、「イスラム国」と自称し世界各地で自爆テロなどを引き起こした。

1月1日　小雪舞う寒い一日。朝方強風に起こされる。全国的に大雪の予想。1階と2階の片づけ。なんとなく落ち着きなく、こんな風に望みもなく、断捨離に追われる年になりそうな予感あり。兄、転倒してガラス窓破損。ケガはないものの、体力低下著しい。

1月2日　西山は白く閉ざされて見えず、時々風雪の舞う寒い一日。従弟の孫、社会人となって新年の挨拶に来る。何年かぶりに会うが、すっかり面変わりし、話の中で、反中・反韓思想を、強い口調でまくしたてる様子を見て心配になる。「新聞は信用しない、ネットがある」と言うが、若者たち、情報の偏りはないのか、気になる。

「結婚は考えていない」とも。若者には幸せであってほしい。異性へのワクワクしたあこがれもあって当然と思うのだが、この時代の閉塞感は若者たちにもさまざまな形で表れているのか。

1月5日　少し寒がゆるむ。半藤一利、加藤陽子氏の本読む。太平洋戦争の教訓や、不戦の努力、歴史に学び、未来に備えること。「国民の責任」を国民が受け止めること。それが大切。戦後あまりに生活厳しく、生きることに精一杯で考える余裕なく今に至る。戦争の体験の有無は関係ない等、語っている。情報の氾濫で、何が本当か不確かになっている今の時代、大切なのはマスコミにあおられず、思考停止に陥らず、「国民一人一人の責任」を国民がどれだけ意識できるかどうか…、ということか。

1月8日　風強く寒い。寒気団日本を覆っている。昨夜からの夜半にかけての強風は特にすごく、ゴミ置き場破損する。同級生の池浦さん「肺ガン、意識なし、あと時間の問題」という知らせあり。感無量。このところ、同年代の訃報の知らせが続き、そのたびに言葉を失う。

1月11日　強風の中、小雪舞う。兄は状態悪化、寝たきりに近い状態となる。在宅酸素も導入される。要介護認定の手続きを行う。テレビでは、フランス新聞社襲撃などアルカイダ関係のニュース繰り返しあり。その他、マクドナルドの異物混入、インフルエンザ流行、維新の党の議員や秘書の公職選挙法違反逮捕など流れる。何か心落ち着かない。

1月20日　大寒。一番寒い時期。雪、風に乗って吹き寄せる。窓やテラスまで真っ白。一日風吹きすさび、吹雪状態。一時、陽光射すも、夕方からまた風強くなる。日本人2名、ＩＳＩＬにつかまり、2億ドルの要求あり。エスカレートしないことを祈る。『ホット・ゾーン』（リチャード・プレストン　高見浩訳）読み始める。

1月25日　朝、胸部違和感覚え目が覚める。少し寒が緩んだ感あり。午後は風もなく暖かく、裏庭で狸が遊んでいた。テレビでは、新型インフルエンザ、アルカイダなどのニュースが繰り返し流される。湯川氏殺害、後藤健二氏殺害予告。安倍首相の、中東訪問、「ＩＳＩＬと戦う周辺各国に2億ドル支援する」という発言に連動して？

1月27日　『ホット・ゾーン』読み終える。「レベル4のエボラウイルス退治」の軍隊の様子にびっくり。熱帯林が破壊されるに従い、そこにいたウイルスが、人間界に入り込み生き残りをかける。後から入り込んだ人間がそうしたものを駆逐する闘いをしてまた生き残りをかける。自然界の宿命を見た感がある。そんな繰り返しが続いていくのだろうか。環境破壊、異常気象、ウイルス、皆つながっている。

1月30日　雪一日降り、夕方には20センチほど積もる。原発4号機の使用済み核燃料すべて取り除かれるも、タンク貯蔵汚染水69万トンに。１００万トンが限界という。凍土壁の効果も疑問だ。そんな中、原子力規制委員会はトリチウムを含んだアルプス処理水を海洋に放出するように求めているとか。何がどうなっているのか。

2月2日　積雪あり。寒い一日。風が冷たい。北海道は大変らしい。テレビは、ＩＳＩＬ組織の後藤健二氏殺害ニュース、秋葉原無差別殺人裁判のニュースで暮れる。「日本がテロとの戦いに巻き込まれる」という不安が、身近な人の間でも語られる。テロは許しがたいが、空気のように、戦争への道へと連動していかないか、危惧を覚える。寒さは募るばかり。

2月12日　福島で2巡目の甲状腺検査で8人ガン確定（福島、田村、伊達、大熊、浪江）。県民健康調査検討委員会・星座長は、「放射線の影響とは考えにくい」と。事故現場では労災が増加。安全教育の不備や、危険手当未払いの状況もあり、大半がブラックとも聞く。ＪＲは1月31日、原ノ町から竜田駅までバス運行を開始したが周辺はまだ線量高い地域、大丈夫か。いろいろ心重くなる中、近所歩いてみたが、膝の痛みはまだ強い。

2月17日　午前地震。津波警報も出る。役場防災無線、警察を騙（かた）った振り込め詐欺、町に来ているという放送もあり。要注意。

3月7日　事故からもうすぐ4年となる。テレビは恒例のように、「3月11日」に向けて原発関連の放映多くなるが、何も変わっていない。常磐道富岡－浪江間開通で全線開通となったが、それも手放しで喜んでいいのか。楢葉町、２０１２年7月、避難指示警戒区域解除、避難指示準備区域になり、今年にはそれも解除される見込みと姉は言うが…。町の公民館で、吊るし雛やパッチワークを見る。仮設在住の方々の作品も素晴らしいが…。
3月11日　震災から4年経過した。博子さんの車に乗せてもらい、駅前での集会に参加。その後、参加者数人で早春の信夫山を散策する。福島でも汚染が強かったところで、ユズが収穫されないまま地に落ちている。ロウバイ、クロッカス、福寿草が咲いている。皆、言葉少なく雪が降らないうちに下山する。福島以北は雪。
3月13日　今日は、大熊町中間貯蔵施設へ除染したフレコンバッグ運び込みの初日。双葉町へは25日から。ただ汚染土を移動させているだけだが、この地のフレコンバッグはいつ？　目の前から消えればそれでなかったことになるのだろうか。
3月31日　3月は、ひたすら一閑張作り三昧の日々。近所の摘蕾の手伝いも今日で終わる。今日は上着を脱ぐほどの暑さ。後半、風が出てきて作業やりやすくなる。今年も4分の1過ぎる。明日から値上げラッシュ。桃畑で作業しながらの話題は、年金や町議選のこと。皆、よくしゃべり、よく働く。
4月8日　寒い一日。咲くかと思った花も開花せず、じっと待っているかのようだ。首都圏は雪。桜の上に雪が積もっている。寒波襲来。明日も寒いようだ。今朝、階段で転倒。「なんで？」というところで転びやすくなっている。老いの現れか。
4月12日　久しぶりに里山散策。ショウジョウバカマが咲き、スミレも咲いて桜も満開。仮置きされているフレコンバッグからは草が生え、水がたまって大変な有様である。

4月15日　今日も曇天。時折雨あり。町内の池辺さん、乳ガン、甲状腺異常という。福井地裁、高浜原発3、4号機、再稼働差し止め仮処分命令。

4月27日　福島、浪江32度。梁川31・7度。福島、全国一暑い日となる。サトちゃんの車で白根へ。谷口さん所有の山で、葉ワサビ、フキ、コゴミ、ワラビ、ウルイと山菜を採り、白根清水観音台に上り、昼前帰る。山はとても良い。山の空気のさわやかさ。山桜、山吹、コブシの花など新緑に映え美しい。かつてはその中で自由にできた山菜狩り。今は、線量気にしながら限定的にしかできない。このような楽しみを奪った原発事故が憎い。

4月29日　博子さんたちの「九条の会10周年記念講演」に参加する。小森陽一さんの講演。150名以上集う。ヘイトスピーチのいろはの「い」の部分の話。抑圧された生育の中で自分の発露の場としてのヘイトスピーチがあるという。カルトに似ているともいう。聞いてあげることが大切であるとのこと。それにしても、ヘイト感情を増幅させるのは、やはり「時代」「社会」の空気と考える。「社会正義」を行動の軸にしてきた私たちであるが、時代の流れを変えることはできなかった事実、何とも無念な思いもする。

5月6日　晴れて暑い一日。連休も終わる。黄色の牡丹咲く。庭に生い茂ったドクダミも退治。除染後、山砂入れたのがドクダミを元気づけているらしい。箱根、噴火警戒レベル引き上げ。水蒸気噴火が起きる可能性あり、立ち入り規制という。

5月9日　姉来る。「体制に与（くみ）する」という考えを示す。「流れのままに生きていく。それでいい」という言葉も理解できないわけではない。しかし原発への考え、平行線の幅がますます開いている感あり。この間、姉の経験したことは第三者には到底理解できないものだろう。賠償金など、金銭がらみの人の醜さも見たという。当事者でなければわからないことも多い。「人は甘えると堕落する」とも言う。この間の経験で培われた考えをいまさら変えるということも難しいだろう。

5月11日　埼玉の弟、東京の妹たちも来て兄弟7人全員集合する。モチクサ、ウコギ、ワラビなど採ってきて、買置きのサツマイモとタラの芽の天ぷらを姉と揚げる。大皿3枚分揚げるもあっという間に完食。食後は、各々の主張で時間過ぎる。弟は「ナツハゼジャム」などの地元商品開拓をアピール、姉は帰還準備、埼玉の弟は「年間20ミリシーベルト」に異論を唱える等々。そんな中、父が若い時に書き記した随想が出てきたので皆で読む。貧しさにもめげず生きた、父の青春がそこにあった。父が丹精していた古い墓地の隣の、柿の木、梅の木も伐採。からっとした空間ができ感無量。いろいろなものがなくなって、やがて我一族の歴史が幕を閉じるのもそう遠くないだろう。断捨離、心して行うことが必要と感じる。

5月13日　6時、地震。昨夜から腹痛あり、トイレで意識消失あり、ショック症状を呈する。昨夜は、膝痛と、腹痛で熟眠できず。今日は何もせず寝て暮らす。

5月14日　昨日から夜もよく寝たのに、今日も終日眠い。集団的自衛権閣議決定する。将来、日本はどこに進んでいくのか、不安が募る。

5月22日　従弟の武夫ちゃん夫妻来宅。浅間山で4月下旬から火山性地震が増加という。鹿児島・奄美市では震度5弱の地震。人々の意識から原発事故は風化していくようだが、地震、津波、日本のどこにいつ起こっても不思議はない。事故の悪夢を思えば原発は廃炉にすべき、当然のことと思うのだが。

5月29日　暑い。右膝痛。心臓も苦しい。口永良部島新岳で爆発的噴火。噴煙高９０００メートル以上。火泥流海底まで到達とか。

6月4日　釧路で震度5地震。このところ地震多い。公職選挙法、投票権18歳以上に。若者たちがどのように教育されてきているか懸念ありと、博子さん話す。確かに、選挙の投票率の低さ、政治的話題への忌避感など、この国を覆っている空気は、深刻だ。「政治的中立」ということは、常に「現体制側」にあるということで、異論を唱えれば「政治的」、悪くすれば「非国民」扱いされる。それは、今に始まったことではなく、綿々と続いてきた日本の歴史。大切なのは、学校で掲げられる、「豊かな感性、冷静な理性、判断力、専門特化に陥らない広い視野」等の教育目標が看板ではなく実践されることか。若者には、率先して政治参加を目指して欲しいとも思う。

6月13日　蓮の花、開花する。終日桃の袋かけ手伝い。多少疲れる。いつまでこの作業できるか。政府、「居住制限区域」[*1]「避難指示解除準備区域」[*2]を２０１７年3月までに解除する方針定めたという。精神的賠償額支払いも２０１８年3月で終了。放射線量が事故当時から大幅に低下、帰還しても健康リスクが高まる可能性は小さいという。姉の自宅のある楢葉町は9月解除。姉、「今すぐにでも帰還したい」という。

＊1　居住制限区域：年間積算線量が20ミリシーベルトを超える恐れがあった地域。

＊2　避難指示解除準備区域：年間積算線量が20ミリシーベルト以下となることが確実と確認された地域。

6月16日　昨日はひどい豪雨と風であった。今日、午前桃の袋かけ手伝いするも、午後はまたもや雷雨のため中止。スコール様の雨降るも、あっという間に上がる。浅間山噴火。

6月24日　午後、博子さんと「九条の会」会議に久しぶりに参加。安全保障関連法の画策。日本は今や暗雲の中、どうなるのか不安である。戦争か平和か。その岐路に立っている。「そんなに急に変わるのかしら」と若い相原さんは言うが、過去から学べば、歴史の軸は急展開する。それが恐ろしい。

「安全保障関連法案」「安保法案」「平和安全法制」…言葉はいろいろ用いられるが、「戦争法」が一番わかりやすい。結局は戦争に加担していくということ。

6月25日　九州梅雨前線の影響で大雨。近年の集中豪雨、やはり地球の異変につながっているのか。気になる。ここは雨なし。「プロジェクトX」（NHK総合テレビ）を見る。沖縄、辺野古、標的の村、米軍にいいように扱われてきた様子。原発立地地にも通じる。島袋文子さん（85歳）がナパーム弾で焼かれた上腕部のケロイドをみせていた。とても元気で100歳まで戦い続けるという。すごいものを見た、と思う。

7月5日　クリーン作戦（町内美化運動）、震災後初めて行われる。4時35分から始まり、5時30分終了。参加者の若返り実感する。野菜の差し入れあり。皆の好意に感謝。ノウゼンカズラ、ホトトギスもいただいて植える。

7月14日 気温、37度の予想が39・1度まで上がる。史上最高の暑さを記録する。桃を吉井さん宅から購入。依頼されていた15人に送付。兄、今日も倒れる。少しずつ身体レベル落ちている。心配。

7月16日 午前雨。大型台風11号発生。室戸岬上陸。岡山あたり、大変な様子。多くの住民に避難勧告が出されている。各地の高速道路通行止め、列車も停止多くあり。そのような中、戦争法案、衆議院通過する。

7月18日 博子さんたち「九条の会」の人と、「安倍政治許さない」サイレントデモに参加する。シールズ*の国会前抗議行動、若者たちの新しい行動の形を思いながら、高齢者は高齢者なりの、私たちは私たちの行動を！ 全国いたるところで行われているというが、反応かなりある。

＊シールズ（SEALDs：自由と民主主義のための学生緊急行動）：2015〜16年に活動した、学生による政治団体。

7月19日 室内でも34度、暑い一日。晴天。今年は梅雨がないのかしら。アニメ「火垂るの墓」見る。子どもが主人公となるとてもつらいものがある。戦争は、すべての人が敵になる。生きるか死ぬかの瀬戸際で、人は人でなくなるのだ。

8月6日 暑い！ 1日に3回も4回も衣服を着替えたいほどの暑さである。昨日は39・7度。史上最高を記録、雨1滴も降らず。侑子、兄の介護もあり、盆で退職するという。70年目の広島。5万5000人、過去最多の出席者。高齢化する被爆者たち。戦争法に何を思うか。

8月9日　今日はしのぎやすい一日となる。70年目の長崎。75の国から6万8000人の出席者。原爆と原発、根は同じ。核廃絶を心より願う。「九条の会」の徹さん、逝去の知らせ入る。告別式は奥さんの病気治療の関係で、23日になるという。この地で、平和運動の歴史を作ってきた方が、また一人消えてしまった。

8月15日　義兄の墓参に楢葉町へ行く。楢葉町、田畑も原野化していて津波の跡もそのまま。なんとも言えない感じ。いかばかりの損失か、はかりしれない。姉はもう自宅に泊りこんでいて、実質帰還している。姪親子、甥親子も来ている。終戦記念日の安倍談話の中の「積極的平和主義」や、「おわびや謝罪を次世代に背負わせない」という言葉。一見きれいな言葉だが、それは歴史に学ぶという大切なことの欠落であり、「事実」を封印することにつながっていく。それが、この国の人々の意識に刷り込まれていくのかと思うと、暗澹たる気持ちになる。桜島噴火、警戒レベル4に引き上げ。

8月23日　徹さん告別式に参列。雨もよいの日となる。参列者も多く、弔辞も心こもり、徹さんもにんまりしていることだろう。それにしても、同世代の人、一人欠け、二人欠け、寂しい限り。三上満[*]先生も83歳で逝去。また一つ巨星落ちた。徹さん、満さんゆっくりお休みください。

＊三上満：教育評論家。3年B組金八先生のモデル。元全労連議長。宮澤賢治研究。

9月1日　盆過ぎ、冷夏となり10月頃のような天候続く。過ごしやすいが、日照も少なく、トマトも赤くならず、稲もどうなるかと、寒い夏が心配。今日も雨。東京オリンピックエンブレム盗作疑いで使用中止。オリンピックも今や商業ベース、金だけがかかるが、そのつけはいずれ国民に。国としては、人々から福島を忘れ去らせる絶好の機会か。

9月6日 昨日、楢葉町避難指示地区解除。姉、正式に楢葉町へ帰還する。テレビを見ていたら、姉が出てきた。びっくりする。「現状を受け入れて、まず自分ができることを、できる範囲で頑張っていきたい」。よく映っていて、コメントも姉らしい。

9月17日 雨降ったり止んだり。東京は本降り。「戦争法案」、委員会で何が何だかわからないうちに通る。国会の外を取り囲んでいる国民、テレビでハラハラしながら見ている国民の民意は無視。これが権力の姿か。アメリカや財界の意を受けて国政が運営される。闘いはこれからが本番というシールズの大学生の姿に感じ入る。挫折せず若者たちには突き進んでほしい。

9月18日 曇天。南米チリ巨大地震で、終日、津波注意警報。午後4時30分解除。1960年、2010年、2015年と発生の間隔が狭くなっているという。次は? プレート同士のせめぎ合いなど地球の地殻の動き、何か不安。

9月27日 中秋の名月。従妹の孫、食道ガンで手術入院中という。姉に知らせるも、血も薄くなっているので、見舞いはなしという。確かに、父の姉の子の、その子の子。親族の付き合いの深い自分たちであるが、「4世代ともなれば」とも考える。同時に、ベトナムの枯葉剤の被害4世代続いているということを考えあわせ、子孫への低線量被曝の不安が頭をかすめる。

10月2日 強風一日吹く。賠償金に課税と財務省。東電との交渉は民と民の関係と⁉ 何か腑に落ちない。庭のコスモス周辺の草取りで、私も夫も腰痛アップ。

10月10日　震災後再開された楢葉町「潮風荘」で、姉妹会7名で行う。リニューアルされて露天風呂もきれいになり、料理も良い。姉もうれしそう。イベント「双葉ワールド」に参加。近辺市町村の名物など会場で買い物。姉の友人たち、声をかけてくる。楢葉町に戻り姉の家で休憩。周囲の田畑は荒れ放題、やはり気になる。妹は、夫の車で国道6号線を車の中から放射線量計測。窓を閉め切った車内のなかでも、原発近地点で10・52マイクロシーベルトという高い数値が出てびっくりしている。*

＊車で移動しながら窓ガラス越しに計測

μSv：マイクロシーベルト

楢葉町自宅の庭 0.12μSv
↓
富岡駅 0.56μSv
↓
第2原発 0.5μSv
↓
夜ノ森 1.03μSv
↓
常磐道入口 1.43μSv
↓
川橋 3.33μSv
↓
第一原発付近夫沢 7.59μSv
↓
7.11μSv
↓
7.27μSv
↓
7.85μSv
↓
10.52μSv
↓
10.00μSv
↓
8.53μSv
↓
8.61μSv
↓
双葉町 0.96μSv

10月18日　稲刈り終わり、藁を焼く煙が四方からあがる。消防訓練を8時から町内会館で行う。駐車場で震災体験、乾パン、アルファ米の試食をする。川内原発再稼働の報。心騒ぐ。

11月1日　吾妻山初冠雪。英子さん来宅。昨日霊山から飯舘村へ行こうとしたが、高線量とサルの群れ、荒れた山道で断念して帰宅したという。

11月22日　弟、来月は、東京へ福島の米やビールを持ってバザールに行く。福島の物産のPRという。「スタジオ大垣」での次回の催しは落語。コンサートや催事、福島の物産販売等、彼なりに頑張っている。

12月8日　「死ぬまで働け」。ワタミが過労自殺女性遺族に謝罪し、賠償金支払うというニュース。世の中の、金だけ、儲けだけという経済第一主義への警鐘となってほしい。人の命が何より大事。原発生業訴訟も、「金目」だけでは決してない。故郷で営々として築いてきた人の営みの尊さ、重さを、皆にも知ってほしいと切に思う。

12月12日　政府与党、消費税、食料品は8％の軽減税率にという。目先の餌で釣り上げる、目くらましのよう。町では、3年ぶりにアンポ柿の出荷式行われる。この地での自家野菜全品検査で、セシウムほとんど検出されなくなった。

12月22日　弟の車で、楢葉町に戻った姉宅に、野菜やカレンダー、正月用品などのお土産を持って行く。南相馬、富岡回りで、高速道は早いが、富岡からの道は渋滞、回り道して姉宅に着いたのは日没前4時であった。解除されたとはいえ、高速道から見る放棄されたままの町々、なんとも痛々しく見る。

12月28日　雪の舞う朝、川東の農道は真っ白になっている。少しの位置の違いで積雪の様子が違うことと実感する。風強く寒い。「旧日本軍の従軍慰安婦問題決着」と夕方ニュースあり。「日本政府10億円拠出、元慰安婦への支援事業を行う」というが、お金で解決の動き見え隠れするように感じる。「お金ですべて解決した」「忘れ去れ」ということかしら。でも、それが本当の解決になるのか。根本は、支配者と被支配者、女性の性への視点。状況によってまた同じことが韓国だけでなく別の地で起こること。苦々しさ、懸念が心の奥に残る。

12月31日　静かで暖かい大晦日いつもよりちょっぴり掃除を念入りにしたとしておこう。カレンダーの張替えで新年を迎える準備完了。恒例の兄宅で年越しも、兄の体調不良で今年もなし。兄はほとんど寝たきり状態となり、義姉の認知機能の衰えも出てきている。夫と二人だけの年越し、気軽な反面寂しさも募る。姉は栖葉町へ帰還する。柿の出荷も解除になった。しかし、原発事故収束については何の進展もなく、さまざまな問題とフレコンバッグのみが増え、安倍政治に翻弄された1年であった。金子兜太（とうた）さんの「アベ政治を許さない」の言葉の深い意味をあらためて思う。膝の痛み、膝の存在を絶えず意識させられた年となる。篤ちゃんはじめ近隣の方々からは、今年も新鮮な野菜を沢山いただき感謝の1年であった。

〈3〉予兆　原発ぶらぶら病（2016年）

この年も4月の熊本地震、梅雨前線や台風による大雨、洪水、暴風雨などの自然災害が多発し、強い余震も時折あり、忘れていたはずの震災のトラウマが、人々の心をざわつかせた。

政治の世界では、与党が圧倒的多数を占める状況下、環太平洋戦略的経済連携協定（TPP）承認案及び関連法案、カジノを中心とした統合型リゾート推進法案、安全保障関連法案[*]などが強行採決。政府答弁の「そのような批判指摘は全くあたらない」「粛々と進めるだけ」という決まり文句が常態化し、人々の感覚もマヒしていくようであった。低線量被曝について白黒はっきり語られない生活が続く中、原発事故自体も人々の記憶から薄らぎつつあった。

＊憲法学者の多数が違憲とし、世論調査では6割が反対。

1月1日　霜柱が立ち寒い朝、小雪も舞うが雲の流れ早く青空が見え隠れする。息子、東京から10時頃到着。侑子一家も来訪で、皆そろって兄宅で賑やかに新年会となる。友人たちに電話、それぞれの声に、無沙汰していても気持ちはつながっていると感動。良い年になること、期待外れにならないよう祈ろう。

1月4日　マイナンバー今日から開始も、年寄りには縁のないこと？　応じる人の声少ない。

1月11日　東京では孫の成人式。朝5時前から着付け、同級会にはドレスで参加したという。大人としてどう成長するか見守ることにしよう。楢葉の成人式の様子、テレビで全国版放映される。姉の孫たち、時の人となる。

1月20日　日本列島に寒波襲来。道路の凍結はなかったが、西山は真っ白で雪がそのまま押寄せてきそう。『チェルノブイリの祈り』読む。読み進めるとウツになりそう。とてもつらい。心が痛む。

1月23日　『チェルノブイリの祈り』読み終える。『泥沼はどこだ』（小森陽一、アーサー・ビナード）なども読む。どの本も精神的にウツになりそう。今、この地は静かだが、世相は厳しい。福島市の義兄、咽頭ガン。覚悟を決める必要もあるか。

1月31日　晴れ。十数センチ積もった雪も大方姿を消す。倦怠感アップ。左大腿部の痛みも気になる。原発20キロ圏の海中瓦礫が手つかずで、荷揚げ先や保管場所どこにするか苦慮しているという。町内の玲子さん体調崩しているという。ガンノイローゼでないといいが…。

2月3日　節分も、春は名のみの寒さ。風は冷たく、北山は雪。この頃、亡くなった人たちの夢をよく見るようになった。北朝鮮の人工衛星打ち上げ通告に、安倍首相「弾道ミサイル」と非難。きなくさい状況が強まっていることに不安を覚える。近辺では、桃の摘蕾もはじまる。TPP反対に署名する。桃もそうだが、この辺は皆家族などの手による農作業。グローバル化の流れの中で、小規模零細農家が淘汰されていく危惧あり。

2月10日　風と雪舞う寒い一日である。福島の義兄の手術、5時間かかる。肺の中に痰がたまってそれを除去するのが大変だったという。私も、頭ぼやぼやで、舌を噛む。顎関節カタカタ。体調の変調感じる。

2月24日　仮設住宅に住むみずきさん、甲状腺ガン。3月1日手術とのこと。周りの人5人ガン発症。疑念、払拭しがたい。

3月11日　あれから5年。死者1万8449人、いまだに13万4000人が避難生活。5年たって明らかにされた「震災いじめ」[*]もある。原発という国策で行われた事業の事故に対し、国が責任を先送りにしている中、人の不安が弱者に向けられ、そのような大人の言動、意識を子どもが敏感に反映してか。テレビは原発事故5年後の放映でもちきり。現状から少しでも前進できることを願うのみだ。インフルエンザ流行中。

＊避難児童生徒へのいじめ。「フクシマ原発」「放射能が移る」「帰れ」「菌がつくから近寄るな」「金品要求」等々。

3月13日　午後9時から原発事故のドラマを見る。本当に大変な事態であった。そして今もどうなっているのか。核容器内の状況はいまだ不明。福島第一原発の吉田所長は2年7か月後にガンで死亡。因果関係はいかに？　放射線積算量、年間20ミリシーベルトに引き上げられたことで、ほとんどの地域が避難区域から外れる。「フレコンバッグを宅地造成に使用」などの動き、懸念は広がる。姉の知人「不安はあるが、放射能減量化の会社にいる」と訪ねて来たという。事故後5年、事故の記憶が薄れていく中で、一人一人の暮らしにはいろいろなことが起きている。

3月29日　みずきさん甲状腺ガン手術終わる。昨年腫脹しているとの診断あり。今年になり、専門医にかかったところ、すぐに手術となったという。完治を願う。

3月31日　昨日起こった霊山の山火事、今日になっても鎮火せず。近くで、ヘリコプターの離着の繰り返しあり。消火剤の積み出し行っているのか。今日は陽光温かい。今年も4分の1終わる。

4月6日　花見日和の良い天気。テレビで、ウルグアイのホセ・ムヒカ大統領の姿見る。世界で一番質素な大統領、ノーネクタイでサンダル履き。「日本国民は皆さん幸せですか」と問うている。「幸せ＝金」「今だけ・金だけ・自分だけ」のような日本の風潮、「最も大きな貧困とは孤独である」の言葉、考えさせられる。自分たちも戦後、高度経済成長の中で「カネ偏重」の波に飲み込まれていたのでは？　福島市の信夫山の桜満開。春、足早に来る。今年は何もかも早いという。

4月16日　寒さぶり返し、一日、強風吹き荒れる。熊本地震震度7強。熊本城の石垣崩れる。阿蘇山小規模噴火。大分県中部で地震、震度6弱。今日も熊本中心に九州、四国地方、震度4

以上の強震が頻回に襲っている。頭がぼやっとして目がしぶい。

4月17日 九州地方を襲った地震、震度4以上約4分毎に1回、それが284回あったという。死亡者も50名に迫る。まだ続いている。大分の知人、夫の赴任先の宮崎にいる姪からは無事の知らせあり。

4月22日 5年たって、除染チーム、敷地外の側溝をきれいにしてくれる。町内の道路等の除染、ほぼ半分終了。リンゴの花咲き、田を耕す耕運機そこかしこで見える。退院したみずきさんに会う。元気な笑顔にホッとする。

4月25日 天気良好。特に予定なく、近辺の除染の様子をみたりしてウロウロ過ごす。腰痛、足のしびれアップ。『季論　春号』特集「貧困大国・ニッポン（下）」（本の泉社）読み、貧困のすさまじさに、びっくりする。まさか、こんな状況とは。新自由主義の下、非正規労働者の無権利状態が進み、格差が進んでいることに改めて驚く。

4月29日 風強し。寒い。散歩にいくも、風の冷たさ身にしみ、途中で引き返す。除染作業、塀の外の道路部分の土、50センチ程削ってくれすべて終了する。

5月10日 強い雨の中ゴミ出し。強風、熊本は洪水注意報。震災発生後一番の豪雨。その大変さ、他人事と思われない。オバマ大統領広島訪問。米大統領として初めてのことだが、彼の手には「核ボタン」がある。

5月17日 一日雨。夜8時には上がる。足の浮腫、大腿部の痛み大。少し歩くと、息があがる。生業裁判傍聴も、座っているのがつらく集中できず。くたくたに疲れてしまう。身体がだるく、何をするにも意欲減退。原爆ぶらぶら病、きっとこんな状態の日が続いたのでは、と思う。義姉、認知症検査受ける。人の見えないところでいろいろ心配なことが頻繁に起こっていると侑子話す。

6月9日　午前雨。蒸し暑い。部屋の模様替えをする。地震で倒れた戸棚、5年過ぎてようやく元のところに収まる。本の整理をするも、やはり少し動くと疲れる。

6月20日　暑かったが、ひと雨きて風が出たら、しのぎやすくなった。一日何もしないで『天空の蜂』（東野圭吾）一気に読み終える。原発を人質に取った物語。原発に巨大ヘリを落とす計画を立てるが失敗という結果だが、原発の持つ問題を散りばめていて面白い。原子力規制委員会、高浜発電所1、2号機の60年までの運転期間延長について認可。老朽原発、大丈夫？熊本では、梅雨前線による大雨。地震の後で被害心配。

7月13日　朝、雨。晴れたり曇ったり。九州圏は大荒れの天気の様子。明日は、首都圏にも及ぶとか。天皇生前退位報道あり。これからマスコミを賑わしていくか。

7月31日　都知事選小池百合子氏当選。都民ファーストの言葉、選挙でのイメージ作り成功？政策よりも、それが人の心をとらえる？何か違っていると思うが。先日の参院選での改憲勢力3分の2を超えたことなども含めて、先行き不安。夫は、姪が好物の鰻を持ってきてくれご機嫌。

8月6日　猛暑34度以上になる。広島原爆記念日。「71年目の真実」というテレビ放映あり。「実験的投下であったこと。軍部の暴走でトルーマンは知らなかった。マンハッタン計画では

17発投下の予定であったが、3発目は大統領の命令がなければ投下できず、2発ですんだ」等にびっくりする。戦争についての真実はほかにもある。ナチスドイツのホロコーストはもともとユダヤ人の富に目をつけたこと。日本空襲はアメリカ空軍の地位確立のためであり、焼夷弾は火災に弱い建物に目をつけたから。空襲指揮した人物は、戦後は普通の好々爺に。何十万人殺しても、戦争では責任はなし。日本の731部隊の中心人物も、国のエリートとして、戦後も要職に就き日本を支配した等々。その時々の記憶を記さなければ、事実は風化し、偽りも大手を振っていくことになる。「風化」、それは「そんなことあったね」。原発についても同じか。

8月9日 外は34度と暑いが、室内は台風のせいもあり、空気が通り抜けエアコンいらない。今日は長崎原爆投下あった日。今日のように暑い日であったのか。稲穂、数日前に出る。「川中島」収穫時期。今年は何もかも早い。

8月14日 雨降らず。雷鳴ほとんど聞かれなかった、不思議な夏。朝は肌寒い感あり。田んぼは、すっかり黄色い稲穂出そろう。

8月17日 台風7号。東北各地に被害をもたらした様子放映される。双葉地方停電、在来線運行見合わせというが、この辺は大過なく過ぎ実感なし。それにしても、この頃の局地的豪雨、台風の後の猛暑、世界の気候の変動、異常気象やはり気になる。

8月24日 賠償裁判傍聴。午後から文化センターでピアノ弾き語りとラジオ福島の和田さんの話を聞く。5年前の震災の話をリアルに表現。泣きながら聞いている人もいる。巷では、「安全、安全」の大合唱の下、原発事故、遠くにかすんでいくよう。国民の関心事はどこに行くのだろうか。

8月31日　台風7号、11号、9号、10号と続けざまに日本列島縦断、大雨暴風雨に警戒続いた。岩手・岩泉のグループホーム9人死亡、北海道でも大きな被害を残す。台風情報に一喜一憂も、この辺は雨も風も大過なく過ぎホッとする。相馬あたりに上陸していたら大変だった。今日は、台風一過の後の晴天。気温も午前に30度超える。

9月4日　霧雨時々降る。草刈行う。肥田舜太郎医師の『内部被曝の脅威』（筑摩書房）、10年前のものを読む。知らなかったことがいろいろあり、いまさらながら無知を恥じる。今年は暑さが身にこたえた。昨年と比べると、今年のほうが熱帯夜も少なく気温も低かったのだが、年のせいか倦怠感アップ。何か一つ終えると、後に続く意欲もわかない。だんだん、生きているのがつらくなっていく。

9月21日　今日も低温。肌寒し。久しぶりに散歩する。彼岸花の群生見事も、少し歩いても息切れする。音読しても少し苦しくなる。咳もする。肺機能の低下か。

9月26日　朝は小雨。蒸し暑い。右拇指第2関節、腫脹して痛い。キンモクセイ満開。国会では、安倍首相の所信表明演説に自民党議員スタンディングオベーションとか。何か、きな臭い。

9月29日　雨。豊洲市場の地下水からベンゼンとヒ素検出。高度経済成長の中での公害の数々が思い起こされる。原発事故が最大の公害であること、忘れてはならないと思う。

10月11日　早朝、強風ともがり笛で目が覚める。秋も深まった感の寒さを感じる。夕焼け美しく山脈くっきりと映える。柿の実も色づき、収穫も始まる。コタツ出す。300人死亡した南スーダンでの戦闘行為、安倍・稲田、「戦闘行為ではなく衝突行為」と。安倍政権になって、言葉の使い方が、恣意的に変わってきていること多い。やはり気になる。

10月15日 恒例の兄弟会で、楢葉町「潮風荘」泊。木戸川サケ漁見物。網にかかるサケよりギャラリーのほうが多い。サケは見たところ、オスが多くメスは5分の1位か。報道陣多数。姉、テレビのインタビューに応じる。午後、広野小での童謡大会聞く。子どもたちのきれいな歌声に心癒される。久しぶりに夜間覚醒なし。熟睡した。

10月21日 島根で地震発生。熊本に続いて今年は日本の大地が揺れに揺れ、台風の被害も多発。被災者の苦労いかばかりか…。

10月24日 昨夜は寝つかれず、自分の呼吸が山鳩の鳴き声に聞こえる。喘鳴と咳ひどい。眠剤服用。その後朝までぐっすり寝る。

11月11日 氷雨一日降る。寒い一日。朝、背中などの体幹全体、冷感アップ。こんな感覚初めての体験。加齢をまた実感する。近所の一郎さん、肺ガン確定という。手術は未定。どうなるか。

11月13日 今日は暖かい一日となる。「原発ゼロ11・13集会」に1500名集う。英子さんの車で、博子さんと3人で行く。原発ゼロを目指す思いが熱気となって、すっきりとした集会になる。若い人たち、子どもを含めてのアピール宣言。会場で飛ばされた紙飛行機に思いを託してまた明日から頑張ろう。

11月15日　一日暖かく気持ちよい。一日遅れのスーパームーンもきれい。自衛隊、南スーダンPKOで駆け付け警護の任務新たに付与と閣議決定。「安倍一強政治」ますます露骨に戦争の道へ。

11月22日　朝、震度５弱の地震。福島県沖マグニチュード７・４、震度５弱。仙台港で１４４センチの津波観測。第２原発３号機冷却ポンプ１時間30分にわたり停止。停止するのが正常で停止しなければ異常？　余震続く。

12月１日　西山は雪。もう３回降ったので、里にもじきに雪が下りてくるだろう。吾妻山の峰は真っ白。根雪となっていくか。

12月８日　太平洋開戦記念日。博子さんたち「九条の会」の人とコープ店舗前で、赤紙[*]配布する。受け取りは良い。若者たちに２度と赤紙が来ないように訴える。

＊戦時中の召集令状（赤紙）を模したビラ配布。若者が赤紙１枚で戦場に送られた時代を繰り返してはならないという意図で行われている行動。

12月17日　朝10センチ程の積雪あり。一日、まとまった雪に閉じ込められる。右親指に力入らず、何をするにもすべておっくうだ。カジノ法修正案可決。日本人すべてギャンブル依存症に？

12月19日　原発学習会。講師の話。「10代から30代前半の若者に原子力推進容認が多いのは、教育のせいという？　除染費用、３兆２０００億円は大手ゼネコンに丸投げ。原発処理費用21・５兆円、東電では負担しきれないから国が負担する（結局は国民に負わされる）。東電トップは退職金をもらってぬくぬく。現地責任者・吉田所長、一番大変だった人。かつて役人にも筋を持った人がいたが、今は誰も声を出さない」と。私は、頭重くすっきりしない。

12月23日 暖かい日差しあるも時折風。夜半は風強くなる。糸魚川で大火。140軒以上焼失。なんともひどい。高速増殖炉「もんじゅ」の廃炉決定。

12月28日 雪舞う寒い一日。茨城県沖で地震。マグニチュード6・3。震度6弱。甲状腺ガン、9人増えて68人。「悪性・または悪性の疑い」は通算183人に達する。県民健康調査委員会の星座長、「この甲状腺ガンの明らかな増加が、福島第一原発事故に起因するとは考えられない」とし、「中立的・国際的・科学的」な第三者委員会設置を県に提案する。「県民の正しい理解の名の下の検査体制縮小」ともいわれるが、検査しないということは、事実も確認されないことではないか。『祈りの幕が下りる時』(東野圭吾)読む。伏線に原発労働者を登場させている。

12月31日 大晦日も静かに過ぎる。朝、彰善さんから大根と白菜を、川村さんからはアンポ柿をいただく。黒豆、鶏肉を煮て、雑煮の用意もする。「原発ぶらぶら病」かと思われた体調不良は年相応と言おうか? 今年は、楢葉町に兄弟会を含め2回行く。原発裁判も終わりに近づく。公判はあと3回。3回目には判決となる。今年も親しい人々が多数身罷(みまか)る。すばらしい先輩達、だんだん少なくなっていく。感無量である。来年はどんな年になるのだろう。忘れないこと、記憶に留めること、記憶を引き継ぐこと、それが生き残った者の務めか。

〈4〉「生業訴訟」*勝訴（2017年）

毎年繰り返し起こる異常気象、地震の多発、自然災害にも、人は驚かなくなっていった。原発についても、たとえ原発汚染水が増え続け、海洋放出などの方針が出されても、自分に降りかからなければ他人事、記憶は曖昧になっていく。そのような中、4000人の集団訴訟となった「生業を返せ、地域を返せ」福島原発訴訟に、福島地裁は「福島原発事故についての国・東京電力の法的責任を認める」の判決を下した。事故から6年、「時間」が人々のそれぞれの記憶を変容させていく中で、原告たちの、「あったことをなかったことにできない」「忘れないこと」「金が目的ではない。ただ元の生活を返してほしいだけ」「自分たちと同じ被害が生み出されないためには脱原発」という思いが勝訴という結果に結びついた。

＊「生業訴訟」は、国と東京電力の責任が認められ、原告約2900人に総額約5億円の賠償の支払いが命じられたが、国と東京電力は上告。

1月1日　静かな元日。どこにも電話せず、電話も来ず、本当に静かな一日となる。夫、町会新年会出席。世代交代で、自分が3番目に高齢となったという。

1月7日　今日も静かで暖かい一日。七草粥のナズナを裏の畑で見つけ、ささやかに無病息災願い食す。

1月21日　大寒。降雪あり。川東は10センチほど積もったが、川西は少ない。アメリカ、トランプ大統領就任式で世界は大騒ぎ。ビジネスマンの大統領。経済第一主義がさらに強まるか懸念あり。隣家の兄は、病状悪化。義姉にすべて依存状態も、その義姉も軽度の認知症。何とも危うい。私も、足の痛み、疲労感アップ。

1月27日　このところ雪が多い。兄の介護サービス担当者会議。室温、環境整備、ベッド、オムツ、オーバーテーブル、酸素吸入、入浴介助方法等問題多く検討する。呼吸法なども指導必要。救急時の対応なども意思統一する。

2月3日　昨日降り続いた雪が積もり、強い風で吹きだまりもできている。町に除雪依頼。福島の弟、喘息発作で意識消失、交通事故を起こす。今は症状なくも、頭部の精査はきちんとするように話す。夫も、肋骨骨折、嘔吐など体調異変あり。心配事が重なり、寒いとよけいに気持ちが暗くなる。

2月7日　今日も雪が舞い、寒い一日。頭がフラフラし疲労感強い。血圧104／60。低くても、高くても気になる。体調不全のためか、天候もとても気になる。

2月16日　歯がゆるゆるし、歯科受診する。テレビは北朝鮮の金正男がマレーシアで毒殺のニュースの繰り返し。

2月20日　サークルOB会で熱海に行く。来宮神社の樹齢2000年の大楠のパワーをもらい、甘酒飲んで温まる。総勢12名。夜は、昔のサークル時代の話、安倍首相の発言[*]、原発の話などで、ヒートアップする。「誰も責任を取らない」「記憶にない」「データ改ざん」等々。政治の世界がおかしいと思っているのは私だけではない。「このような世相形成は自分たちには全く責任はないのか」という本質をついた意見も出る。今年も楽しく中身の濃いひと時を持てたことに感謝。

＊安倍首相は2017年2月17日、森友学園問題が国会で追及され、「私や妻が関係していたことになれば首相も国会議員も辞める」と答弁した。

2月28日　天気よく過ごしやすい一日。今年初めての陶芸教室参加。夕方、震度4の地震にびっくりする。楢葉は5弱。6年前の地震の余震という。忘れていた地震の恐怖、新たになる。

3月11日　歯痛おさまらず。頭重感一日続く。テレビ、震災から6年が過ぎ慰霊祭の報告で暮れる。今も、12万3000人が避難生活、1万5893人死亡、2553人不明、3523人関連死の事実ありも、安倍首相、原発には一切触れず。恒例の記者会見も行わず。「時くすり[*]」の効果と、地元の新聞、福島民報は皮肉る。秋篠宮は原発事故に触れ挨拶。さまざまな問題を残したまま取り残される被災地と被災者。皆、口を閉し、事故後6年、メディアも原発取材チーム解散とか？

＊時はすべてを癒してくれる。時間が解決してくれる。すべてを忘れさせてくれる。

3月12日　少し動くと息切れする。なんだか起きているのがつらく、すぐ横になりたい。倦怠感収まらず。縁側でわけもなく転倒する。胸部打撲。痛い。バランス崩すこと度々あり、きちんとした体勢で体を動かさないと大変なことになりそう。転倒予防に留意しよう。

3月21日　生業裁判、結審を迎える。雨の予報的中で、雨の中の集会、デモ行進。みずきさん夫妻と共に歩く。高田夫人とも会う。おっとりしていて、高田くんも癒されるだろう。服部氏の証人尋問抜群。判決は10月。

3月23日　外は時雨。テレビは、森友学園一色。籠池理事長の喚問一日続く。当事者であるはずの首相夫人は表に出ないまま。左胸痛あり。何か原因あったかしら。

3月24日　春の雪と時雨の一日。風に乗って嵐のように飛んでくる雪にびっくりする。頭重感変わらず。

3月31日　暖かった昨日から一転、寒く曇った一日となる。頭重感、身体の痒み、痛み、体調思わしくない。一日寝たり起きたり、何をする気も起らない。どうしたことか。午後、近所を少し散歩をするも疲れる。浪江、富岡、飯舘帰還の報あり。「帰宅困難区域」除き、全区域避難指示解除。東電は、1年後、解除地域の賠償打ち切るという。住宅支援賠償打ち切り前提の帰還促進、事故はなかったかのように人々を切り捨てていく。

4月2日　風冷たい。体調は今一つ。30分の散歩でもぐったりする。楢葉の姉と電話。姉は、「原発事故の帰宅困難地域、3分の1に減った」と国の発表を喜んでいる。

4月7日　晴れ。桃のつぼみがピンク色に膨らんできている。桜より桃の花が早く開花しそうだ。ツクシ芽吹く。暖かい一日。暖房もいらない。アメリカ、シリアに59発のミサイル打ち込む。安倍首相、北朝鮮のミサイル発射にトランプ大統領と電話会談したことなどもあり、心が冷える。

4月10日　暖かい一日。いつのまにかレンギョウが満開。黄色がまぶしい。白モクレン、コブシも咲き始める。花に心慰められ、気分幾分上昇。年金学習会に参加。年金制度、難しい。細かい取り決めが2転、3転しているので追いついていくのが大変。マクロスライド、どちらに転んでも、受取額は減額していくか。

4月15日　樋口家で花見。中学同窓生20名集まる。美佐江さんの面変わりにびっくり。羽根さん、咽頭ガン手術後で声かすれている。

4月19日　一日大風吹き荒れ、夜中まで続いた。念のため、すぐ避難できるよう1階で寝る。

4月23日　侑子の車で、周辺地域をドライブ。霊山以東は桜満開。吾妻山の種まき兎もくっきり浮かび上がり、とてものどか。一日ゆっくり過ごす。霊山で、古い知人、長谷川さんと会う。まだ働いている。「1日1時間でも良いから」と言われているという。原発事故について心を痛めている。『「心の除染」という虚構　除染先進都市はなぜ除染をやめたのか』（黒川祥子著）を買って読む。事故時の伊達小国の様子に、驚くとともに、「いかに知らなかったか」に愕然とする。6年前。すぐ近くなのに、新聞などにも報道されていたはずなのに、小国の方々とも会っていたのに、その本当のところを認識していなかった。記憶を辿っても、鮮明でない。「自分のところは線量低い。大丈夫という意識」が私にもあったか、と心騒ぐ。

4月26日 台風1号発生。午後から雨。「東北でよかった」[*]発言で復興庁吉野議員が今村議員の後を継ぐ。失言というが、それが本音。人口が多かったら対応が大変。人によっては「正論」なのだろう。福島市やいわき市など人口密集地が「避難区域」になったら、混乱はもっとひどかったろう。小国も福島市と隣接。飯舘村と同じ線量であっても、小国が「計画的避難区域」にならなかったことも納得できる。しかし、「被災地に寄り添い復興事業を進める」という美文と真逆の言葉には「意識して怒るべき」と思う。人が変わっても国の方針が変わらなければ同じ。あまり信頼はしないことにしよう。

＊25日、二階派政治資金パーティで「まだ東北、あっちのほうで良かった。首都圏なら被害甚大だった」と発言。

4月30日 今年も3分の1経過する。私も77歳。喜寿を全うしてまた新たな一歩を踏み出すか。今日も晴天。夕方、東京から息子も来訪。親子3人で誕生日を迎えることができたことも幸せか。

5月8日 今日も風強く、釜石、栗原、会津などで山火事発生。浪江もまだ消火に至らず。乾燥して火災多発、小倉ではアパート6名死亡のニュースも。田植えがそろそろ始まるか。安倍首相、憲法改正質問で、「自由民主党総裁としての意見」は「読売新聞に書いてある。ぜひそれを熟読していただきたい」と回答。新聞まで私物化?

5月19日 30度の暑い一日。カッコウ、わが世の時とばかり鳴き続けている。ズッキーニ植える。雨が少なかったせいか、エンドウ豆の実大きくならず。衆議院法務委員会、組織的犯罪法改正案、怒号が飛び交う中での採決。数で押し通す政治。加計学園「総理のご意向」など、安倍政権の腐敗極まり。共謀罪法案強行採決など不安材料多すぎる。

5月23日　3日前に上京。東京、千葉、山梨と小旅行。それぞれの地で、昔の職場仲間との交流を深める。今日までいろいろな人に会ったが、皆との再会がこんなにうれしいとは。ここ石和温泉での、風呂良し、食事良し、良き友との語らいあり、と、三拍子そろった人生の夕映えのような至福の時。楽しく、体調不調感なく、維持できたことにも感謝である。

5月30日　一平たち東京3人組と裏磐梯の「ふるさと宿」で交流する。3人組到着と同時に宴会を始め、延々10時までしゃべり続け、バタンキュー。一平は、座ったまま眠っている。オーナーの高橋夫妻ともエール交換する。楽しい一日。樹海の中につつまれているようで心地よい。生涯の友との旅も楽しく無事に終わる。良かった。

6月10日　山背（やませ）のような冷たい風が吹く。ヒヤヒヤとした寒気居座る。6月になり雨多く、コタツが必要なくらい風の冷たい日もあった。背中の違和感、息切れがまたひどくなり、左胸部の痛み、右股関節の痛みなど再びあり、何をする気も起こらない。不眠続きである。

6月16日　暑い一日。ズッキーニはそろそろ収穫できそう。菅官房長官、加計学園の獣医学部新設にあたり、文科省文書の「総理のご意向」は「怪文書」と批判していたが撤回。「あったことをなかったことにはできない」と証言した文部科学省前事務次官の前川喜平氏の証人喚問を拒否、籠池理事長は喚問。安倍政権、都合の悪いことは無視か。参議院で「テロ等準備罪」を新設する改正組織的犯罪処罰法強行採決。ただひたすら数で法が通っていく。

6月23日　小林麻央死亡。テレビはそれ一色。これに限らずだが、テレビの流しっぱなしの報道のあり方怖い。

6月25日　湿度高く蒸し暑い中、平和行進[*]行われる。体調不調の中、参加することができたことを喜びとしよう。佐藤さんから自作歌集、日高氏から詩集届く。二人の真摯なまなざし、平和への希求が読み取れる。気持ちは「体調も悪いし、喜寿も迎えたし、もういいかな」に傾いていたが、小さくとも平和を願う意思表示。もう少し頑張らなければか。

*平和行進：「地球上から核兵器を追放することを国民に呼びかける」ために、1958年、西本上人の提唱で始まる。全国各地をリレーしながら歩く。

7月7日　35度越えの暑い日が続く。九州北部の豪雨、家屋被害3414棟、死者・負傷者・行方不明78名という大災害。異常気象が当たり前に？　国連での核兵器禁止条約、唯一の被爆国である日本は採択に不参加。トホホ。

7月15日　病院に弟を見舞う。弟、喘息発作なくなり喘鳴もおさまり一安心である。今日も暑い。夜、久しぶりに雨が降る。夕食調理中、旧友・石井氏の訃報聞き感情失禁。こみ上げるもの禁ぜず。彼の一生を思うと何とも形容しがたいものあり。同年の者として何と言ったらよいか。

8月2日　梅雨明け宣言。秋風のような涼しい風が吹く。稲穂出そろう。早朝2時30分、地震警報で起こされ不眠気味。その後も茨城県沖地震。震度4。台風接近中というが本土への影響はいかに。

8月6日　広島原爆忌。暑い。台風5号北上中、ゆっくり進んでいる。来福した東京の姪一家と福島市の弟宅へ。弟は体調安定。甥も来て、庭に設置したピザ窯で何枚ものピザを焼くなど父親の手伝いをしてくれる。

8月10日　朝、濃霧、西山の頂を隠す。今日は過ごしやすい、すっきりとした日となる。ミンミンゼミが鳴き、白鷺が舞う。千葉で地震。この頃また地震頻発している。大きなものが来なければよいが、と願うのみ。かつて行った九寨溝でも地震、世界遺産を一変させているという。朝は肌寒いくらい。今年は冷夏か？

8月21日　曇天。湿気多し。畳に青カビ発生。除湿乾燥を行う。息子、昼前到着。東京も雨続き、22日連続とか。仙台も雨の日、1か月続いている。テレビは、籠池夫妻の逮捕のニュース繰り返し。本丸は？　息子、兄宅の庭仕事をやってくれ、義姉もことのほか喜んでいる。義姉、息子に話しかける時はとてもしっかりしている。

8月29日　蒸し暑い一日。午前6時Jアラート鳴る。何が起こったのか？　北朝鮮ミサイル発射とのことで大騒ぎ。通過して4分遅れでの通報。「前回より3分早かった」「北海道上空500キロ通過、1800キロ越えた太平洋に着弾」と、一日大騒ぎで終わる。Jアラートの内容も馬鹿にしている。本当に腹が立つ。大体、瞬時のことに地上から対応できるのか。北朝鮮を理由とした軍備増強がなされることに懸念あり。

8月31日　山背？　冷たい風が吹く。田の稲倒れているのが目立つ。台風15号の影響どうなるのか？　昨日、東京方面も大雨、道路も水浸し。大変そう。まぶたのむくみ、腹痛、下痢、少し動くと疲れる。自分の体の不調、さすがに気になる。麻生大臣、[*]ヒトラーを正当化するような発言。撤回するがどうしようもない。

＊8月30日、「ヒトラーの政治家になる動機は正しい」、2013年には憲法改正論議で「ナチス政権の手口を学んだらどうか」と発言。

9月4日　北朝鮮、水爆実験したとの報道。なんということか。核を持つことで国力を示す？　負の連鎖に他ならない。

9月19日　台風18号、各地に大雨暴風をもたらして日本列島横断。この辺は、一晩の大雨だけで大過なく過ぎる。日本列島受難の台風、北海道、岩手などには大きな傷跡残す。今日は秋晴れ。鈴虫の声を聞く。テレビは、台風18号の被害、北朝鮮、総選挙、安倍国連へ等々の報道の繰り返し。安倍、またトランプの持ち上げ役になるかと思うとうんざりするが、国民の審判はいかに？

9月29日　快晴、抜けるような青空も、風強し。博子さんたち「九条女性の会」でスタンディング行動、横断幕飛ばされそうで、じっと立っていて左腰部痛ありも、なんとかこなせる。

10月5日　昨日の中秋の名月は里芋と枝豆、ススキを飾って祝う。今日、吾妻山初冠雪。例年より18日早い。急に秋深まる感あり。コタツの有難さがわかる季節となる。残暑なしの年となるか。

10月10日　生業裁判、歴史的裁判判決下りる。百点満点ではないが、基本勝利。国と東電の責任問う判決となる。浪江のみずきさん夫妻の喜びの顔もあり。みずきさん、元気そうで良かった。

10月24日　台風21号到来、猛烈な雨の中、兄弟会で楢葉町「潮風荘」に泊。台風去った今日は晴天。外は少し肌寒い。姉宅で柿を採り、漁協でサケを手に入れ、昼は、広場でバーベキュー。材料すべてそろっていて、みんなでワイワイガヤガヤ楽しむ。弟や妹たち、木戸川のサケ、イクラなどいっぱい土産を積み込んで帰る。私たちも午後4時帰宅。楽しかった兄弟会終わる。夜も眠れる。体調安定。

10月30日　今年のサークルOB会は長野で行う。上京し、新宿から小渕沢へ向かう。神田くん、日を間違えていて3時間遅れて到着のハプニングあるも、今回も懐かしいメンバーで話尽きず。よくしゃべり、よく食べて友好を深める。サークル仲間との楽しい交流に気持ち弾み、体調もこの1か月維持されている。

11月6日　昨日、来日のトランプと安倍、武器[*]を買う約束を交わす。「圧力以外の選択肢ない」とウインウインの関係、なんともトホホ。トランプ、今日、韓国ではデモ隊で迎えられたという。

＊首脳会談で日本側が数千億円の米国製兵器購入で合意。ミサイル防衛システム、ステルス戦闘機等。

11月16日　西山には雪雲がかかり寒い朝となる。時折氷雨ぱらつく。マスコミは日馬富士（はるまふじ）一色。このような報道の仕方、マスコミの国民誘導は大きい。週末、また天候荒れそうだ。

12月18日　川東は雨。川西は晴れ。11時から、コープ前で「九条の会」の方たちと署名活動。

45分で64筆集まる。結構協力してくれる人多い。体調安定続く。

12月22日 兄、黄疸ひどい。3日間食事取らず。今年を越せるか？　私も再び頭重感あり、疲労感アップする。

12月31日 穏やかに日は暮れ、年は暮れる。テーブルクロスと窓際の敷物取り替え、黒豆、里芋の白煮などして、本を読みながら年を越す。今年、夫は入院検査でいくつか病気が判明、夏以降ほとんど酒を飲まなくなった。私もヘアマニキュアを止め白髪となる。きな臭い世情はもっと進みそう。生業裁判は、「人々が平穏に生活する権利を有する」とした判決あり、感無量。今年は、懐かしい人たちとの再会も果たせ、皆にこれまでのお礼などを言うこともできた。体調不良はいかんともしがたいが、多くの人と会えたこと、「これでよし」としなければ、か。

第5章　7年目の死（2018年）

事故後7年、福島第一原発事故の収束は進まない中、大飯原発、伊方原発の運転差し止め仮処分が取り消され、高浜原発4号機（福井県）・伊方原発3号機（愛媛県）、川内原発1、2号機（鹿児島県）が次々と再稼働されていった。福島県の甲状腺ガン患者数は204人となったが、事故との因果関係の立証は困難とされた。また、この年は、冬は記録的豪雪、夏は「災害級の」暑さ、また、台風直撃での広域被害が相次いだ年でもあった。

そのような中、事故後ちょうど7年目の3月12日、彼女は病に倒れた。急性骨髄性白血病であった。日記には、淡々とした病状記録が主で、ほとんど自分の心情の記述はない。しかし、看護師という職業上の経験から、検査数値、予後等決して予断を許すものではないことは熟知していたであろう。「その瞬間」がいつ訪れるか、誰にもわからない。彼女は、現実を達観し、最後まで理性的に自分の病気と向き合う強い姿勢を貫き通した。

1月1日　天候は晴。比較的暖かい元日。兄宅に、侑子と息子一家6人、弟一家4人来るも、義姉の具合悪く侑子だけ残し皆帰宅。義姉、侑子の介助で病院受診も点滴中に嘔吐、即入院となる。元日から大変な一日となる。これからどうなるか。東京の妹に電話連絡。

1月6日　昨夜、急に腹痛と寒気あり。トイレに行くも、貧血起こし倒れてしまい、左臀部打撲。痛みで眠れず朝一番で整形外科受診。骨折やひびは無く一安心。今日は一日、下のソファーベッドで寝て過ごす。夕べ眠れなかったから眠れるか、と思うも眠ることはできず。侑子も風邪で声が出なくてつらそう。

1月9日　今度は、夫が「背中痛い」とほとんど動けず。9時受診。大変混んでいて、入院決定11時半過ぎ、病室に入ったのが午後2時過ぎ。入院をお願いした手前、文句も言えないが、その待ち時間の長さには怒りも覚える。検査結果、胸椎第9骨が薄くなっているという。絶対安静で2、3週間の入院必要という。夜、一人でいると何とも心細い。東京の妹に泣き言を言ったら、すぐに来てくれるという。

1月11日　妹来る。今日は寒気団来ているというが、この辺は比較的暖かく過ごしやすくも、周りの山は真っ白だ。侑子、義姉の退院準備で実家に来るも、風邪で咳がひどい。

1月18日　晴れ。暖かい。妹、布団天日干し、掃除などしてから帰京する。1週間、とても心強かった。夫は、第9胸椎の圧迫骨折、変形性脊椎症との診断。

1月19日　風強いが、天気は良い。旧友・森さんの訃報届く。白血病であったという。信じられない。告別式は23日とのこと。夫入院中で、あいにく足=車もなく参列できず、香典をお願いする。

1月23日　積雪、今冬一番。８時過ぎ除雪車来てくれて助かる。白根新山噴火。終日、ニュースでその様子放映あり。森さんの告別式の様子電話で知らせあり。息子や孫、しっかりと、親の功績を語っていたとのこと。感無量。

1月24日　寒気団到来。全国すっぽり入ってしまい、テレビ、関東甲信越大雪、日本海側豪雪等、全国的に雪の警報ニュースで一日暮れる。ここは時々晴れるも、昨夜降った雪は溶けず残る。インフルエンザ流行していているという。

1月31日　朝、晴天。風呂場の窓枠、凍りついている。霧氷、近辺の桃畑を彩る。木々は真っ白に凍り付いている。朝風呂に入るもなかなか温まることなし。寒さが身に染みて風邪治りきらない。

2月9日　夫退院する。東京の亮ちゃんと電話をする。夫の病気やお互い老々介護の域に入っていることなど話す。雪、風花のようにちらつく。福井、大雪で車立ち往生。青森の海ではイワシの大量死骸あがっているとか。いろいろな気象、生態系の異常の発生に不安よぎる。

2月13日　積雪。真っ白な世界。夜はことのほか寒い。左腕、左半身痛み続く。篤ちゃん来て、町で建設予定の「施設」について業者癒着の疑いありと話していく。「情報公開しないで、一部の息のかかったところで自由に何でも行ってしまう。町長とその取り巻きの民間と担当者のウインウインの関係で事を行うという構図」、特権の乱用も甚だしいと思う。国家戦略特区と本質が全く同じのようにとらえるのは間違いだろうか。

2月17日 今日も寒い。雪が飛ぶように降ってきて積もる。左半身の痛み少し軽減も、肩の痛みは残る。寒さが身に堪える。この頃、人のタバコの臭いをとても強く感じる。

2月22日 暖かい穏やかな一日。午後、年金の話を聞きに行く。マクロスライド制、やはり理解しづらい。現役の人たちの賃金が上がらなければ年金も安定とは言えない。それにしても、プアーな老人が多いことに心が痛む。

2月27日 肩・背中など左半身が痛い。右膝の痛みもあり。一度精密検査の必要ありか。陽が出ると温かいが、風は冷たく何とも過ごしにくい。兄の入浴の手伝いをする。

3月1日 春の嵐。強風で篤ちゃん宅の古い小屋の傍の杉の大木倒壊しそうという。雪も降り悪天候この上なし。弟から電話あり。「喘息発作で体が厳しい。酸素濃度低すぎ、点滴。プレドニン増量しかない」と弱音を吐いている。私も、何もする気も起こらず気分もぱっとしない。私の体も、春の嵐に苛まれているのかしら。

3月4日 昨日にも増して疲労感アップ。夕食パス。歯痛、全身痛ありも、午後、美絵ちゃんの夫が亡くなったという連絡あり。疲労感も消し飛ぶ。白ゆり会の方々へ連絡。

3月5日 終日、グータラグータラと過ごす。体中が痛く、だるさはヒートアップ。他愛ない人との雑談にもつらさを感じる。

3月6日 陽光あるも風冷たい。午後2時、美絵ちゃんの家にお別れに行く。10人集まる。美絵ちゃん、気丈に応対している。1時間くらいでお暇(いとま)する。

3月7日 左半身の痛み、整形外科受診。第5頸椎と第4頸椎の間がつぶれているとのこと。

週に1度の牽引指示、ビタミン剤投与されるも、体調すこぶる悪し。
3月9日　昨日から右上奥歯からの出血止まらず。歯科受診。夕食まで出血続く。
3月10日　止血してホッとする。昼久しぶりに、近くの中華料理店で食事をする。
3月11日　起きると霜で真っ白、寒い朝となる。胃腸すっきりせず、疲労感増大。震災から7年目に入った。全国で慰霊祭ありも、何か、全体的にすっきりせず。
3月12日　いきいきサロンを終え、歯科受診。医師より「内科受診した方がいい」と言われ受診。検査で「血小板が半分以下」と言われ、すぐに総合病院に紹介される。振り回されているような感じ。
3月13日　朝8時半に家を出て総合病院へ。混んでいたが何とか診察受けることができ、即入院となる。検査など急ピッチで進められる。今わかるのはDIC*。骨髄穿刺では、「骨髄の中は空っぽ」と言われショック。

*DIC：播種性血管内凝固症候群。小さな血栓が全身の血管のあちこちにでき、細い血管を詰まらせる病気。血液凝固の増加で出血の抑制に必要な血小板と凝固因子を使い果たし、過度の出血を引き起こす状態。

3月14日　MRI検査行う。病気についての説明受ける。急性骨髄性白血病の診断。20年前の卵巣ガンから、まさか2度もガンにかかるとは。姉や妹に病気を伝える。これからどうなっていくか、神のみぞ知るか。
3月15日　集中治療開始で個室に移動。薬剤師の説明聞く。嘔吐予防の薬は5日間効用ありという。義姉、侑子に連れられて来る。兄は3月中、介護施設に入所。義姉は、「お父ちゃんに会ってから、湯につかってチャーハン食べてきた」と無邪気に喜んでいる。認知症進んでいるか。ずいぶん背が丸くなっている。

3月16日 曇天。眠剤飲み、久しぶりに寝たという感あり。今日から本格的に治療開始。静脈注射の穿刺箇所からの出血、点滴機器の不具合続く。夫は「看護師に申し訳ないから堪えろ」という。弟来る。妹に電話、今後についていろいろ頼む。

3月17日 治療2日目。1日の長さは苦痛そのもの。輸血なし。奥田夫人、侑子夫婦、お見舞いに来てくれる。夫も来る。愛知の紀子から電話、諸々の所用あり、夫、対応してくれるだろうか？

このあと、3月22日、病状急変。23日未明、親族急きょ福島に駆けつける。本人、苦しさの中でも意識明瞭。声も出せない中でも、ゴミ出しなど家のことを気にかけて妹に指示をし、孫には「ばあちゃん、頑張るから」と気丈に言う。その後少しずつ持ち直し、26日頃より少し回復、容態安定、31日には顔色も良くなりゼリー状の物を口から摂取できるまでに回復する。

3月29日 苦しい中、思いついたこと、空想することで、何とか苦しさを回避しようと思う。長さ180センチ、横100センチのショートベッド。大の字になって、両手を広げるには狭すぎる。3月20日から、私の世界はこのショートベッドに封じ込められ、泣くにも笑うにも不自由な世界。あくびをすると喉の奥が痛い。化学療法の大嵐に、喉は渇き、口の中はバサバサ。生の空気は、とても厳しい自然界そのもの。意識が定かでない。開眼していても、閉眼していても、何が何だかわからない。水が欲しい、水、水、水、…。「そんなに飲んだら水ぶくれしてしまうよ」「いつでも呼んでください」。優しい言葉も、厳しい言葉も、一緒くたになって、身体を鞭打つ。2日間は嵐の中。3日目、酸素マスクが変わった。天と地の差。少しは望みを持とう。そして、少しずつ、頭もはっきりしてきた。

3月30日　この頃まで日付の記銘力あやふやだったが、やっと少しずつ合ってきたような気がする。夜はやはり眠れずつらい。

3月31日　9日間、家のことを手伝ってくれた末の妹帰京。その後も毎日電話くれているという。家のこと、いきいきサロンのお手伝いなどしてもらい、本当に良かった。「大物キルト作品仕上げて、持ってまた来るよ」と帰っていったが、私は、まだまだ時間との戦いは続きそう。酸素マスクが変わってとても楽になり、元気が少しでも戻ってきたところで、よかったと思う。

4月1日　メガネがなくて、「おやっ、どこの青年？」と思った。息子が来ていることを知らなかった。小さいころから優しい子だったから心配でまた来たのだろう。今日は三十数年ぶりにカレーライスを作り、義姉と一緒に食べるという。父子と義姉、3人の食事はどんなものだったろうか。うまくいったのかしら。酸素マスクが変わり本当にずいぶん楽。そのかわり排便との戦いに苦慮する。

4月2日　息子、東京へ帰る。新年度開始、この病院も大多忙の模様。マスクが変わって生きかえったよう。お腹の調子も少しずつ改善。口から入れて、出す。単純なようだけどそれが生きる基本、証か。腹鳴、排便朝少しあり、ずいぶん楽になった。立ち上がる練習をする。孫、今日から社会人。寝坊してはいないかしら。

4月3日 酸素マスク変更3回目。カヨちゃんはじめ友達数人と電話交信。看護師との雑談楽しい。名前も知らずに受けていたリハビリの彼女と、初めて名乗り合う。スタッフの名前も少しずつ覚えられるようになった。利尿剤が効いて、排尿も500ccアップという。昨夜やっと眠れた実感あり。

4月4日 ポータブルトイレで排便あり。すっきりする。姉と電話。白血球数アップ傾向あり。このまま続くことを祈る。それにしても、この間、3分の1程の記憶飛んでいることには驚き。姉と話したこと、ひとつも覚えていない。息子一家のことしか覚えていない。まあ、家族だもの。しょうがないか。自分の病気を原発事故との関連について「どうしても言いたいこと」を書き置く。

4月5日 天気は上々。花日和。尿管カテーテル取れる。ポータブルトイレで、排便排尿できるようになった。午前中、横臥で過ごす。何かホッとした感あり。体温37・6度も、ほどなく下がる。夫にラジオちょうどいいものを持ってきてもらう。ナンクロで時間つぶし。夫は一人身を楽しんでいる様子、良いことだ。

4月6日 妹、来てくれる。10日までいるという。保険書類の点検等、いろいろ妹に頼む。何といっても、二つ違いで一緒にいた時期も長く、この妹がやはり一番安心できる。ベッドに座って昼食を食べる。体調、少しずつ回復している感じする。病室の窓の下で久しぶりに子どもの声を聞く。侑子、脱毛用の帽子を持ってきてくれる。

4月7日　昨夜は排便との闘いとなる。妹と夫来る。昨日からの風で桜散り、外は寒いという。息子から「髪は気にしないでおけ。帽子を送る」という電話。主治医、白血球*「1000」を目標に取り組むと。「1000」になったら退院できるかしら。

＊白血球の基準値：成人女性3000～7800／ミクロンリットル。

4月8日　天気良好。下剤飲まなくとも4回排便あり。食事もほぼ完食。昨日亮ちゃんから電話。12分も話す。彼女にも「白血球80」という数値、私の体の状況は、なかなか理解できないようだ。あとどの位かは、神も知るまい。低線量被曝について思う。国は年間20ミリシーベルト以下なら問題ないというが、では自分が当事者となったらどうか。福島の甲状腺ガン調査や内部被曝、線量とガンや白血病などの発生確率は比例するという考えもある。森さん、私、奥田さん、立て続けに白血病に罹患した事実は消えない。

4月9日　体温は37・4度も、なんと、白血球5500で正常値に戻る。医師、看護師たち、皆ひとしおの喜びで激励してくれる。天気も上々。姉と夫には一足早く知らせる。これからはあまり考えず、前向きで行こう。末の妹にも電話。侑子来てくれる。地元にいるということでいろいろな世話を受ける。侑子にはとても感謝だ。「初桜　折しも今日は　良き日なり　芭蕉」

4月10日　昨日から、心電図モニターなども外せ、酸素のみ。IVH*が外せれば自由となる。昨夜は、頻尿気味かトイレを行ったり来たりで大多忙。リハビリにと、クリーンルームを出て談話室まで初めて病院内歩行する。今日は何が待ち受けているか。酸素外して様子を見る。息あがることあっても、息苦しさなし。午後2時、シャワーを浴びる。髪がごそっと抜け、シャワー室はクモの巣の中のよう。桜散り、桃の花満開。夜は何もつけず、自由の身で寝る。

＊ＩＶＨ：中心静脈栄養。胸の周囲から中心静脈にカテーテルを刺し、栄養摂取する方法。

4月11日　妹、帰京。起床、洗面、うがい、水1杯飲む。今日ＩＶＨ外れる。個室も部屋交換。白血球３６７０。午後2時、骨髄穿刺。息子から帽子が送られる。とても具合良い。明日からプレドニンは経口摂取でいくという。「大部屋でも」というがもうしばらく個室対応とする。友人たちに経過報告する。体温37・3度～37・5度。主治医の骨髄穿刺あっという間に終わる。何となくせわしなく一日過ぎる。

4月12日　肺の断層レントゲン写真。シャワー浴びる。リハビリは歩行練習。それにしても、リハビリ、まさに、復権そのもの。励ましてくれながら評価を加え、生きる希望を持たせてくれる。本当に良い仕事と実感する。足をさすり、胸の呼吸音を確かめ、座位から立位へ。「あっ起きられた」「あっ立てた」。まだまだこんなに残存機能があったのだ。一番の楽しみである。紀子たち友人に電話する。あまり時間を気にすることなく1日が終わってしまう。桃、ボケの花満開。

4月13日　眠りが元に戻ったようだ。トイレ2回、洗面その他、朝の仕事を一応終えて惰眠むさぼり、それが快い。サークルＯＢ会の数人に葉書書く。2時リハビリ。ちょうど部屋を出たところに、博子さん、篤ちゃんたち5人現れ、びっくりする。少し待ってもらって談話室で談笑。やっぱり、仲間はいいものだ。侑子も来てくれる。伊集先生と電話で話す。ツバメが飛来してきた。

4月14日　晴れ。桃、満開。いつもと比べ花早く摘花作業も容易ではないだろう。自然はいつも過酷だ。白血球2900。昼、うどん完食。リハビリ後シャワー浴びる。脱毛あり河童型の髪に。そのうちなくなるだろう。

4月15日　静かだ。山桜が満開で周囲の山々を彩っている。談話室へ本を返しに行き、中腰になったら転倒。起きるのにやっと。普段何でもなかったことができなくなっていることにびっくりする。体力回復には時間がかかりそうだ。末の妹来る。23日まで、家の手伝いしてくれる。プレドニン減量。

4月16日　夫、侑子来る。兄、介護施設に戻ったという。侑子久しぶりに自分の家に帰る。友人2人に手紙を書く。スケッチ2枚描く。暇つぶしに「一閑張り」はどうかなと言うと、看護師「それはちょっと大がかりすぎないか」という返事。今後のことが気になる。リハビリ、中腰になることの難しさ実感する。友人たちからの電話、声を聞くこと、何より慰めになる。

4月17日　今は体力作りをして後の治療に備えるという。とにかくあせりは禁物。無駄と思わずゆっくりすることが肝要か。病棟の端から端までリハビリとして歩くも、帰り自分の部屋わからず3回も間違えてしまう。「412号室、談話室の先」と繰り返す。認知機能がダウンか。『季論　春号』(本の泉社)読みはじめる。福島の現状を特集している。

4月18日　白血球2680。医師、次のステップに進む前に外泊を促されるも、それはいいと断る。家のことが心配でないか、と夫を気遣ってくれる。プレドニン10ミリグラムに減。いきいきサロンのメンバー5人、見舞いに来てくれる。その後、芳子さんも来てくれる。リハビリは歩行訓練のみ。少し息が上がる。

4月19日　『季論』の比屋根照夫氏の「沖縄にとっての明治150年」を読む。胸がつまる想い、無念さがにじみ出ている。今日は気温25度になるという。主治医、これからの方針検討中とのこと。何もない一日は長いが、終わってみるとあっという間だ。今日は排便大量に出る。

4月20日　昨夜暑くて寝苦しく不眠の一夜過ごす。母の夢を見てなお不眠となる。今日からリハビリ2回。午前10時30分と午後2時。2階リハビリ室で行う。室温26度に調節。漢字ナンクロで時間つぶす。妹と侑子、面会に来る。

4月21日　午前1時30分、狭心症様発作あり。その後眠れず。リハビリ負担かけすぎかしら。福島市のカコちゃんから電話、正ちゃんと見舞いに来るという。ナンクロや談話室の本で時間つぶし。リハビリとシャワー、午前に済み、昼食後少し眠る。町内の伊藤さん見舞いに来てくれる。今日も30度、高温となる。

4月22日　今日も30度、夏日となる。病棟内はしんと静まり返っている。ヒマを持て余し、「この位だったら外泊しても良かったか」と思う。治療方針定まったか気になるところだ。1日の時間の流れ、ある意味では遅く、ある意味では早い。自覚症状がとれたので、はやる気持ちがあるのだろうか。

4月23日　夜中覚醒。5時頃から眠り、午前中はぼやっとしている。プレドニン服用は今日までらしい。侑子、体調悪いという。心配だ。先生から外泊の勧めがあり、乗ってみようという気持ちになった。明日から2泊3日。妹、急遽、帰京を延期してくれた。とにかく実践あるのみ。カコちゃんにその旨電話。

4月24日　外泊一日目。10時迎えに来てもらい帰宅。今日は雨。近所の隆夫さん見舞いに来てくれる。篤ちゃんたち4人も来てくれる。妹もいろいろ食事工夫してくれる。家に帰ったら身体の動きが増すというが、病院にいるより動きが少ないかもしれない。侑子も、いろいろな食材持ってきてくれる。

4月25日　外泊二日目。博子さんたち来てくれる。侑子も顔を見せてくれる。義姉はデイサービス利用。篤ちゃん、スナップエンドウ持ってきてくれる。後鼻漏？　鼻汁流れる。少し散歩するだけでやはり息が少し上がる。テレビを見ながらほとんど寝て過ごす。シャワー浴びる。

4月26日　晴。裏の先代萩、うまい具合に芽吹き花を持っている。庭のミズキ、藤など満開。藤の香りがすごい。庭の雑草少し気になる。森さんの家に電話。21日納骨したという。森さんも血小板性の白血病だったが、治療方針定まらず2週間も経過観察していたという。妹、朝から洗濯などして東京へ帰る準備。私も無事外泊終えることができそう。妹を駅に送り、その足で病院へ帰る。2泊3日あっというまに過ぎる。帰ってきたら第2期の治療決まっていて、4時からＩＶＨ留置。明日から点滴5日、皮下注射7日間の予定で行うことになる。その後1週間様子を見て退院。何回かに分けて治療継続する必要があるとのこと。とにかく、肺炎など感染症に注意する必要ありとのこと。

4月27日　第2期治療始まる。夫には面会に来なくていいと伝える。午前9時点滴開始、11時

15分アクラシノン[*1]終了。キロサイド[*2]皮下注射は午前9時と午後9時。点滴24時間継続の説明あるも、日中に終わらせるということで、生食500cc12時30分終了。特に自覚症状なく経過する。始まったばかりなので副作用は少ないと思う。少々痰が出てくる。リハビリで、廊下歩行。脈120位まで上がる。うがい薬出る。

＊1、＊2　ともに抗ガン剤。

4月28日　2時30分点滴終了。特に副作用の自覚症状なし。頭重感あるだけ。奥田さんも近日中に同じ病棟に転院してくるとか。びっくりしてしまう。低線量と言っても福島原発事故放射線との因果関係はないのか、やはり疑念は消えない。伊集先生夫妻、明日見舞いに来るという。息子も来るし…。隣町の菅野さん来る。やはりガン。まだ3か月に1回の頻度で治療あるという。

4月29日　晴れ。頻尿。午前3時頃残尿感あり。温め軽減する。午後3時、点滴終了。伊集先生夫妻、山形へ行く途中に、お見舞いに来てくれる。「同じ町内の3人も白血病とは、やっぱり関係無いとは考えられない」と言う。私のこれまでの検査結果について、肝硬変の末期、肺炎と、2度死んでもおかしくないデータと言う。相当悪運が強かったのだと思う。

4月30日　78歳誕生日。看護師からお祝いの言葉、ケーキなど誕生祝いいただく。午後2時点滴終了。頻尿で、点滴中、14回。ともすれば漏れるおそれあり。治療も半分終わる。食欲、便通なく心配だ。点滴はあと一日。頑張ろう。夫と息子一家来る。息子、庭の草刈りをしてくれたという。兄の状態はあまり良くないらしい。

5月1日　点滴治療、今日で終了。便秘に悩まされ、座薬で少し出る。夫、山菜取りに行っている。天気も良くどんなものが収穫できたか。息子は今日も草刈りをしたという。リハビリ。歩行後、脈120台に上がる。少し、痰出るようになる。

5月2日　治療6日目終わる。夜中より便多量にあり。肛門の痛みに薬を処方される。今日は誰も来ず。点滴もないかと思ったら1000ccあり。リハビリ、シャワーとそれなりに時間過ぎる。息子一家と夫たちは飯坂温泉に泊る。

5月3日　今日で第2期治療終わる。頻尿、少し治まり点滴中の尿回数も少なかった。息子一家、弟一家、夫、来る。孫は仕事もあり今日帰る。車の運転練習かねて福島まで、孫が運転していくというが、大丈夫か？　弟は体調すぐれないという。隣町の阿部夫妻来てくれる。

5月4日　今日は何もないと思っていたが点滴500ccあり。11時頃終了。息子は5時30分頃帰京。何だか記銘力、ダウン気味。手紙を寄せてくれた友人たちに返事を出す。

5月5日　子どもの日で天気も上々。いろいろな催し物もあると思うがそれらとは無縁のベッドの上。柏餅、昼食に出る。白血球1760にダウン。今日から白血球を増やす注射あり。点滴500cc。抗ガン剤の効果出はじめている。副作用どのように出てくるかも気になる所だ。食思不振は今のところない。

5月6日　朝、夫から「嘔吐、頭のふらつきなどあり」と携帯に電話あり。午後、侑子が来て夫の解熱と吐き気治まったことを知らせてくれる。妹も明日から来てくれることになり一安心。白ゆり会の友人たち見舞いに来てくれる。手に力が入らず文字を書くのに一苦労。

5月7日　夫「面疔（めんちょう）」とか。発熱あり、病院で点滴。侑子が面倒を見てくれている。私は今日も点滴500cc、白血球あげる注射施行。妹は弟が駅まで迎えてくれる。私も、午後37・8度の発熱あり、抗生剤点滴施行。その後、熱上がることなく経過する。リハビリは中止。

5月8日　夫、右顔面腫れ眼瞼下垂になり、侑子が病院に連れて行ってくれ、入院となった。ホッとした。奥田さんと同室とのこと。侑子には本当に大変世話になった。私は、熱37・9度。抗生剤施行。白血球1万を超えたが、血小板はダウン。白血球上げる注射は中止。様子を見ているという。シャワーを浴びる。妹は帰京する。

5月9日　点滴、抗生剤あり。胸部レントゲン写真撮影。血小板ダウン、白血球上昇は副作用か。夫の兄夫妻お見舞いに来る。夫の入院告げる。夫は、顔の腫れ引かず視力ダウン、熱は37度台、点滴6時間毎とか。様子を見るしかないと思う。今日は雨が降ったり止んだりの気候。リハビリ少し頑張ると息が上がる。面会後も息が上がる。なかなか体力改善には時間がかかりそう。今日の夕方から普通食に戻してもらう。

5月10日　近所の満子さん、悩み事で相談に来たが、あまり助言できず。トローチもらう。痰出る。夫の病名、「ヘルペス蜂窩織炎」とのこと、症状は落ち着いてきたという。電話で「熱も下がっているのに、点滴6時間毎で多忙」とぼやいている。侑子来たが、リハビリの時間とかちあい、そのまま帰る。なんとなく熱感あり。副作用ピーク時というが、今後どのように経過するか？　白血球3000台。白血球を上げる注射と朝夕の抗生剤点滴続行か。

5月11日　晴天。吾妻安達太良の峰が残雪を残してすっきりと姿を現している。緑がまぶしい。点滴、白血球アップの皮下注射行う。コインランドリーで洗濯をしてみる。濃い痰が出る。侑子、喉飴買ってきてくれる。夫の容態ずいぶんと良くなったという。退院については医師の意見聞くように話すも、どう動くか心配だ。

5月12日　佐々木さん、果物やオレンジ持って見舞いに来る。その後、武夫ちゃん、「実家に行ったら家にも兄宅にも誰もいず、心配になった」と来院。兄のことなど話す。シャワー浴び少し息が上がる。今日も白血球アップの注射点滴やる。所在なさもあって一日過ごす。夫には、くれぐれも医師の言うことを聞くように電話する。

5月13日　今日の体温37度〜38・1度。微熱続き、頓服で解熱。午前少し歩行。初めて1階まで降り売店で水を買ってくる。見舞客もなく、ナンクロなどするも、ヒマを持て余す。咳、痰あり。風邪症状か。

5月14日　侑子、入院費持ってきて支払ってくれる。夫の退院の方向が示されたが、顔の蜂窩織炎の方が心配とのこと。私は、昨夜熱38・1度まで上がり、退院の方向性は示されない。白血球の上りが悪い。微熱、無くなればと思う。ミホちゃんから電話、元気づけられる。

5月15日　朝4時、体熱感あり、発汗。5時頃より入眠。検温、点滴、食事以外は、11時頃まで寝る。咳あり。今日も午後発熱37・5度以上あり。リハビリどうしようかと思い、「半分に」と所望。シャワーも浴びる。夕方の検温で解熱剤をもらい飲む。発汗あり、37度まで下がる。埼玉の弟と姉から電話あり。元気づけられる。焦りは禁物と…。夫、18日退院決定。

5月16日　主治医、37〜38度台の発熱が気になると言う。点滴は本日午前で終わり、飲み薬になる。白血球2740。抗生剤レボフロキサシン500ミリグラム一日1回服用とのこと。

5月17日 早朝、発汗で更衣する。蒸し暑い一日となる。紀子たち電話あり。侑子来てくれる。一日、何となく落ち着かず、妹に電話でヨーグルトと米に虫湧いていないか気をつけるようにお願いする。今日は体温、37度以内で経過。あまり神経質にならないようにしたほうが良いか。談話室にある本を読み漁る。もう少しじっくり構えたほうが良さそうだ。眠剤、変更してもらう。

5月18日 妹と侑子来る。夫、無事退院。奥田さんが今日同じ病棟に入院する。同じ白血病である。奥田夫人、顔を出してくれる。今日は眠剤の効きすぎか、かったるい感じあり。午前中は何もする気が起こらない。午後少し快復。それにしても時間をどうつぶして良いかわからず、これではウツになってしまうのではないかと心配する。見通しがつけばと思うも、あまりいい方法は見つからず。

5月19日 朝、採血、X線撮影など。秋山庄太郎の花の写真集眺める。名もない花が美しく写されている。今日はパン食。奥田さん405号室に移る。夫、妹来る。夫、奥田夫人と話をしたという。胃重感あり。食前薬出る。6時30分、37・4度微熱。酸素濃度が低い。時々深呼吸の必要ありか。

5月20日 今日は朝から快晴。明け方3時頃、頭痛ひどく薬もらい、就眠。発汗あり、更衣する。隣町の長谷川さん、薬の調合で入院。ちょっと不安そう。皆それぞれ不安を抱えていることがわかる。奥田さん、痰ひどそう。それにしても治療開始が遅く、これもまた不安。病気には心配がついてまわるものだが。

5月21日　朝方、また頭痛。薬を飲んで入眠。何となく午前中は短く感じる。その位寝たということか。胃痛あったりするも何となく一日過ぎる。妹、侑子来てくれる。奥田夫人も毎日大変そう。午後、院内患者イベントの柏餅作りに参加。皆、病気に関しては強者ぞろいで、５年くらいの闘病、入退院繰り返している人もいる。今日は、風あるのであまり暑さ感じないという。カコちゃんからＴＥＬあり。今後の医療状勢厳しいものになると講演聞いてきたとのこと。

5月22日　朝から快晴。シャワー浴びる。妹、お嫁さんの家族に病人が出て急きょ帰京した。奥田さん明日から治療始まるという。ジュースもらって飲む。私は明日、採血結果で退院の方向決まるというが、どうなるか。今の問題は頻脈と*サチュレーションが90位にさがること、この辺、明日聞いておこう。

＊経皮的動脈血酸素飽和度：健常人で96〜99％。

5月23日　今日にも退院できると言われたが、夫の都合で明日にする。侑子来てくれる。典子さんから電話。「退院大丈夫なのか。できるだけ長く入院していた方が良いのでは」と心配してくれるが、退院する意思を伝える。いかに短時間とはいえ退院は退院だから、今日からの抗ガン剤服薬、副作用が少ないことを祈る。カコちゃんたちに明日の退院伝える。皆喜んでくれる。姉と長電話する。*スタラシドカプセル服用。なぜか、字を書く手が震える。

＊スタラシドカプセル：急性骨髄性白血病には必須の内服薬。

5月24日　10時に退院。いつまで持つか。食事の用意、半分する。熱もそう上がらず36度台キープ。篤ちゃん、サヤエンドウ豆を持ってきてくれる。トマト、魚、味噌汁など病院にはない食事内容。氏家さんからいただいた卵も美味。夫、草むしりせず庭が雑草に覆われている。埼玉の弟が来たら、むしってもらおう。帰京した妹、心配して何回も電話あり。お嫁さんのお父さんの容態は安定したという。

5月25日　フキを取り煮る。それなりに美味。義姉と、午前中、1時間位話をする。同じ話の繰り返しだが何となく心和む。気温は30度と暑いが風があり過ごしやすい。いつも気にかけてくれている民生委員の友人に電話、退院の報告をする。食事の用意をするくらいでなにもすることないというのは少しつらい。抗ガン剤3日目終了。不眠解消できず、夕方熱が37度まで上がるも、特に変調なし。

5月26日　侑子の夫、草刈りに来てくれる。パンなど食事の差し入れあり。山梨の友人からトウモロコシ送ってきてくれる。美味。お礼の電話をすると、「他人の心配ばかりしてきた生き方を変えろ」とアドバイスあり。義姉はデイケアに勇んで出かけている。シャワー浴びる。

5月27日　晴天。姪夫婦、草刈りに来て午前帰る。いただいた見舞いを整理する。どのようにお返ししたら良いか頭の痛い所である。何となく疲れ、昼寝してしまう。埼玉の弟に電話する。

5月28日　久しぶりに午前就眠して夢を見る。午後、埼玉から弟夫婦来て、夕食作ってくれる。今日は全身倦怠感あり。一日中寝て暮らす。

5月29日　受診。９時前に病院につくも、待ち時間長く、結局昼過ぎまでかかる。入院中の奥田さん、とてもすっきりした顔で迎えてくれる。１週間後の6月5日に入院予約し帰る。白血球２万７０００、上がりすぎている。家では、朝からすべて義妹にまかせて何もせず過ごす。倦怠感あり。

5月30日　午前中、弟は草むしりと梅の収穫、義妹は昼食の支度までやってくれて、帰っていった。何となく倦怠感あり。少し上がると息が上がる。末の妹は、１日から来るという。

5月31日　午前4時頃から冷感あり。朝食作るも何となく違和感あり、病院に電話。外来受診するも、そのまま入院となる。「仕切り直しで治療必要」という。何となくガックリ。入院と同時にまた点滴開始。明日ＩＶＨ入れるという。侑子、入院手続きしてくれる。妹に入院の電話をする。

6月1日　午前11時、ＩＶＨ挿入、治療の準備始まる。止血剤入った点滴、今日も24時間施行する。侑子、午前顔を見せてくれる。

6月2日　息子、東京からバイクで途中まで来るも、渋滞で引き返したという。治療開始一日目。点滴、尿量測定に追われる。

6月3日　朝早く侑子と夫、顔を見せる。食欲不振。何となくむかつき感あり。お腹の調子悪い。治療開始2日目。尿ＰＨ（ペーハー）が下がり側注*なされる。

＊側管注射：メインの点滴ルートの側管から別の薬剤を注入すること。

6月4日　何となくむかつきあり。調子いま一つ。治療3日目。イダマイシン終了。血圧ダウン。尿PHダウン。パン1つ食べる。美味も食後むかつきあり。

6月5日　キロサイド4日目。倦怠感アップ。少し起きていたほうが良いのか。夫、侑子来る。白血球1万5260、血小板は3・1と低い。

6月6日　口腔内血豆様からどんどん増殖？　出血始まるも何も手を打たず過ごす。IVH挿入部からも出血。包帯交換のみで様子を見る。

6月7日　血小板ダウン。採血、血小板輸血など行う。3日間続行するという。口内出血、午後少し薄くなる。ナースの導線考えてのことか303号室に移動する。DICへの対応とも受け取れるが、そうなって欲しくない。外は気温35度に近い暑さという。福島市の夫の姉たち、見舞いに来てくれる。

6月8日　今日も点滴に追いまわされ一日終わる。輸血途中で痒くなり、いったん中止。血小板回復したのか、自覚症状取れ、楽になる。侑子来てくれる。夕方、口内出血は少なくなった。

6月9日　治療終了。輸血、高カロリー輸液など行う。白血球500に下がり、クリーンベッド使用となる。体温38度以上になる。くたびれ感あり。侑子に、コップ、キッチンタオルなど用意してもらう。篤ちゃんと電話する。クリーンベッドの使い方教わるが、すっきり頭に入らず。トイレはベッドの側に。いろいろ考えなければ大部屋でも良いのにと思うも、今はクリーンベッドでなければ無理。近所の婦人たち、千羽鶴折ってくれたが、病室に持ち込めず家に飾ってあるという。

6月10日　台風が来ているとか。病院は静かだが、私は、輸血輸液で大変多忙。夫と侑子来る。「またふり出しに戻った」と実感する。面会もままならず…。

6月11日　白血球１８０、血小板１・１と最悪。腹痛で午前中苦しむ。抗生剤、血小板、ナトリウムなど輸液する。侑子、来てくれる。

6月12日　侑子、夫、弟来る。今日、午前は自覚症状なく三分粥も、完食する。久しぶりのココアは歯茎に沁みる。甘ったるいトロ味のものは苦手である。3時頃から体温36・7度前後。また、熱が出るのかしら。ユウウツ。明日の結果どう出るか。

6月13日　夫来る。末の妹、金曜日から月曜日まで泊まりに来てくれるという。寝具の入れ替えを頼む。夏掛け、思い切って捨てることにしよう。白血球60、午後は熱も下がり体調は良いのだが…。薬の変更が検討される。血小板輸血、真菌抗生剤などやる。午前中は結構多忙。

6月14日　午前は体調良好と思うも、昼から崩れ体温38・2度。4時解熱剤飲む。徐々に解熱。午後8時37・3度。今日から五分粥、工夫して食べることにした。つぶしたり細かくしたり何とか完食できた。紀子から電話。元気そうで安心した。体温38度でもリハビリ実施する。

6月15日　妹、来る。午前は比較的調子がよいが、午後崩れる。昼少し前から発熱、38・2度まで上がる。久しぶりに発汗あり。熱下がる。午後8時頃から爆睡。午前3時、目を覚まし、薬をもらう。朝まで寝る。今日は誰も来ず、奥田夫人から携帯にメッセージあり。電話でエールかわす。

6月16日　妹と夫来る。水の補給してもらう。外は低温らしい。頭重感あるも、日中体温37・

5度以下で推移する。久しぶりに本を読み、目の奥に痛み感じる。右下歯、少しだが出血あり。口腔内すっきりすればずいぶんと違うと思うが、うがい励行でいくしかないか。

6月17日　午前11時頃ロキソニン服用。解熱するも、午後7時、37・3度とまた発熱。口内歯肉炎。痛みあり。なかなか治らない。夫、水補給に来てくれる。侑子の夫、気になっていた裏庭の草刈りに専念しているという。私は地底を這い回っている感あり。便秘。通じがつかないのも苦しい。

6月18日　妹帰京する。熱38・6度まで上がりロキソニン服用。血小板輸血。午後1時平熱35・9度まで下がる。清拭。赤疹の痕、結構多い。朝5時に通じあり。水様便6回。10時固形便少し。体温、一日乱高下。あとどうなるか。夜中頭痛。12時頃またロキソニン服用。浅眠状態ながら寝たほうだと思う。大阪で地震。震度6。揺れたらしい。被害の程度あまり伝わってこない。

6月19日　午後いっぱいかけて輸血行う。一日が長すぎる。奥歯の歯槽膿漏に対し漢方薬処方。白血球150。全体的に貧血状態アップ。口の中は依然火の車。主治医の姿ここしばらく見ない。リハビリ5時を過ぎたが行う。夫、友人からの葉書届けてくれる。

6月20日　外は雨。午後には雨あがる。午前10時体温38・2度。ロキソニン飲み、輸血の準備。昨夜は頻尿と口内の痛みで眠れなかった。血小板輸血。その後解熱。午後には35・7度。侑子、顔を見せてくれる。リハビリ後少し眠り、今日はあっという間に過ぎた。明日の結果どうなるか。友人から電話あり。皆の声を聞くと安心できる。

6月21日　輸血午前中には終わる。昨夜はよく眠る。一日中、目の奥痛い。夫、「誰かが農薬を撒いたのか、蓮池の蓮が枯れた」と喜んでいた。私は、白血球１７０。貧血状態から脱出するには時間がかかりそうだ。

6月22日　今日も血小板輸血。体温36・8度で今日は比較的良好。クリーンルームを勧められるも、考えることにした。亮ちゃんから電話もらう。夫に爪切り持ってきてもらい切る。今頃になって、痛み止めの入ったうがい薬もらう。もう少し早手回しに処置してもらえないものか。毎夜の不眠なくなればと思う。ロキソニン飲まずに済む。

6月23日　曇天。白血球２７０から５５０、血小板１・８から２・５、赤血球２６６から３１１に。数値、上向きになってきている。自覚症状特になし。このまま進むことを祈る。点滴、午前中に終わる。小康状態で一日経過する。外は暑い日が続いている。

6月24日　弟一家来る。家族３人相変わらず元気で、仲良く、何よりだ。今年の平和行進は地域からも5名参加。元町長の挨拶、光っていたという。今日も一日小康状態。外は暑い。夫、暑さで顔を真っ赤にして来る。白血球は５００。

6月25日　白血球１３２０。やっと１０００台に乗る。夜から全粥。明日から点滴なくなるという。点滴部分外れることで少し身軽になるか。口の中ずいぶん痛みも少なく良くなってきている。血小板増えるといいが…。奥田夫人と話す。奥田さん、今日は調子がいいらしい。外は暑いが風があり、しのぎやすいという。

6月26日　蒸し暑い日。雨降らず、乾燥状態で大変そうだ。一日静かに暮れる。奥田夫人と話す。クリーンベッドにあと何日入っていればいいか。ＩＶＨ高カロリー輸液、今日で終了。全粥に移行する。今年は桃が早く、「初姫」ごちそうになったとか。7月15日頃は、「あかつき」が出回るとのこと。今日は奥田夫人と話したくらいで誰も来ず。血小板増えるといいが…。

6月27日　白血球３３００。クリーンベッド19日で脱出できたが、血小板少なく個室治療はもう少し必要か。血小板輸血施行。奥田夫人顔見せてくれる。夫、来る。侑子に電話で報告する。血小板あがるといいのだが。明日にでも今後の治療方針聞いてみよう。それとＦＤＰ値[*1]や異形リンパ球[*2]も気になる所だ。姉と久しぶりに長電話する。「刺繍でもしたら」とアドバイスあり。

＊1　高値の場合、体内のどこかに血栓ありの疑い。
＊2　リンパ球は白血球の細胞の一種。ウイルス感染時などに形態が変化したものを異形リンパ球と呼ぶ。

6月28日　４３０号室、誰もいない大部屋に移る。骨髄穿刺するも異常コールあり。「30日退院」の夢は消える。「とにかく体力をつけること」と、主治医言う。血小板上がらない。ここは腰をおちつけていくしかない、と。良い情報は、何もなし。久しぶりにシャワー浴びる。夫と侑子、主治医から話聞くも、私への説明は特になし。２度目の骨髄穿刺。安静１時間、横臥。何ともなければＯＫとのこと。大部屋に移って、トイレ無し。使用できるトイレにはウォシュレット無しでショック。紀子からメールあり。

――この日、家族には「今は体調良いが、予断を許さない状況」と伝えられていた。

6月29日　体重56・7キロ。夫と侑子来る。今日はリハビリ以外何の予定もなし。侑子、刺し子、クロスステッチを買ってきてくれたが難しそう。もう少し簡単なものを東京の妹に頼む。血圧150と朝から高め。リハビリ時、生あくび相変わらず出る。奥田夫人と話をする。少し疲れる。みずきさんの甲状腺ガンの経過伝える。ヒマなのでトイレばっかり行っている。

6月30日　雷雨来ると言うが来ず。会津の甥たち来てくれる。夫とも会う。シャワー浴びる。奥田さん体力がつけば家に帰れそうだという。私は血小板2・2とまた下がってきている。白血球は7000。リハビリ、クラフト紙で入れ物作る準備する。土曜日なのになんとなく心せわしく感じる。

7月1日　発病後4か月目に入る。夫、グランドゴルフで1位。楽しかったという。日曜日静かに暮れる。血圧150あり、降圧剤始める。水分500ccでは足りないかもしれない。今夜は眠れるかしら。夕立、自宅のほうに降ったと思われるが、いかがか？

7月2日　侑子来る。「暑い日続くが昨日夕立あり、庭の水やりはいらない」と。病院の中をリハビリで歩行。足がガクガクする。作業療法も20分くらいなのに一点集中で結構疲れてしまう。それだけ体力ダウンしているのか。食事、軟飯に変更。

7月3日　白血球1万2590、血小板2・7ダウン、LDH1505、ALP507、AST121と高く、あまり芳しくない。退院や外泊の話あるも、データを見ると少々不安である。シャワーを浴びリハビリをするも、下肢の痛みあり。奥田夫人と少し話をする。昨夜胃痛あり。注射で落ち着き、久しぶりに熟睡する。食後の安静はあまり良くないという。

7月4日 曇天。退院の方向で検討する。7月7日予定。スタラシドカプセル飲み始め、その経過を見ながら、というがどうなるか。白血球の上昇抑えるのと血小板出血傾向気にしながらの退院だが…。下肢の筋肉痛も気になるが。とにかく一度帰ってみるか。

7月5日 夕方から雨。7日の退院予定は、明日の検査結果に委ねられる。食欲ダウン。背部痛み。温罨法(おんあんぽう)、シャワー、リハビリと一応済ますも倦怠感上昇。これでは家に帰れるか、心配だ。スタラシドカプセルの効果あるだろうか？　夫来る。

7月6日 血小板ダウン。身体の節々が痛い。下肢の筋力、体幹痛い。4人部屋満床になったが、1人クリーンルームに移動、3人となる。

7月7日 七夕。午後1時、退院。12日までの1週間。その間、9日と11日はガーゼ交換に病院に来なければならない。何とも多忙。夫と妹、迎えに来てくれる。末の妹は、室内の滅菌消毒、ベッドなど準備して待っていてくれる。帰って、少し、庭の草むしりする。

退院日は、食欲もあり、姿が見えないと思うと外に出て、庭の花々を眺め、塀の前に立ち四方の山々を眺めていた。しかし、二日目になると次第に食欲減退、多量の発汗もあり、わずか3日の帰宅で、7月9日、再入院となる。帰院時は車いすも使用せず、自分の足で歩いて受付を済ませるなど、気丈な行動を見せていた。7月10日治療開始したが、12日午後には容態が急変。言葉が出なくなる中、身振りで、ガン細胞が脳に転移、脳出血で言葉が出なくなったことを伝えようとしたり、文字も書こうとするなど、最期まで自分の思い、記憶を伝えようとしていたと聞く。意識混濁の中でも自分の手首に指を当て、脈をとるようなしぐさも見せたらしい。

その2日後、7月14日、午後10時50分、親族12名に囲まれて、永眠。享年78歳であった。その表情は、病の苦から解放されてようやく長い眠りにつくことができた安堵感というような、眠っているような、微笑んでいるような美しさであったという。

死者へのオマージュ——記憶を伝えていくということ

ここに、この書を上梓できたことを心から感謝したい。

この書の上梓に関しては少なからずの迷いがあった。まず、この書の原本となった「日記」の書き手が死去していること。遺族から素材としての使用の許可はいただいたものの、それを他人の私がどこまでかみ砕けるか。また、日記は「個人の随想」であるから、科学的な検証とか論理、因果関係の究明にはあたらない。あくまで本人の目に映った事象であり、他人に説明するものでもない。当然、他人にはわからないところも多く出てくる。また、人の日常生活はある意味で変化に乏しく凡庸である。

さらに、中途で私自身に病が見つかり、入院が必要になった時には、ほぼ「断念もいたしかたなし」という思いもあった。それでも、この書を上梓する思いを捨てきれなかったのは、日記に記された「一人の、名もない女性に起こった事実の重み」「言葉の重み」であった。

——現代(いま)、地球上に生きている、「私たち人間」すべてが、未来に対して責任を負っている。問題を先送りしてはならないよね——

——私が、自分の身に起こったこと、見えたもの、聞いたことを記していることにも、何か意味があるだろうか?——

それは、彼女の「自分の責任」への内省の言葉であるが、同時に、世の中に対して無力感を感じている大勢の中の一人としての私自身への重い問いでもあった。

この10年、原発事故後に見えた「誰も責任をとらない」社会の姿。政治の劣化を表わすような政治家の数々の「失言」。けれども「失言」は、実は「本音」であり、決定はするがその結果については決して責任をとらない。そのために言葉をいいように使いまわしする。それがこの国の為政者たちの姿であった。けれども、そんな政治家の姿にうんざりしても、「政治的」と評されることを嫌い、政治に関わらないこと、空気を読んだ生き方がいいとしてきた自分もまた責任を取らない一人ではないか。政治は自分たちに遠いところで行われていること、と諦観・傍観し、自分の身の回りのことだけに目を向けていればいい、という「私たち」に責任はないのか。その時代に生きた者としての責任は、すべての人間にあるのではないか、と彼女は指摘した。

膨大な情報が瞬時に世界中を飛び交い、昨日のことが遠い昔のようになるような高度な情報システム社会の中で、10年という歳月の流れは、確実に原発への人々の関心を薄れさせ、「安全」のハードルを下げていった。黒いフレコンバッグに包まれた汚染土は、線量低減したとしていつの間にか道路工事などに使用され、人の目から見えなくなり、「基準以内に希釈した」とされる汚染浄化処理水は、なしくずしに海に放出されようとしている。

そのような中、世界は新型コロナウイルス・パンディミックに見舞われた。それは、10年前の原発事故当時の、感知することのできない「放射能」への人々の不安を思い起こさせた。福島第一原発事故で放出された放射能も、新型コロナウイルスと同様、目に見えず、臭いも音もなく、五感で感じることができなかった。空気中に漂い、水や土壌に入り込み、人の生命活動の一定の条件の下で、人の肉体に入り込み、細胞を貫通し、遺伝子を傷つけていく。新型コロナウイルス無症状感染者と同様、発症に個人差もある。毎日発せられる感染情報は、当時の放射線量値発表と重なる。テレビや新聞紙面の取り上げ方も同様だ。

違いは、当時政府が繰り返し発信した「ただちに健康に影響はありません」という言葉と、今の「感染のリスクが身近にある。悪くしたら死にいたる。既に自分も感染しているかもしれない。地域限定でなく日本中どこにでもリスクがある」という現実である。放射能汚染は、「他人事」であったが、「コロナ禍」は「自分事」の差である。

生物学者レイチェル・カーソンが、その著書『沈黙の春』で人為的な公害を私たちに示したのは1962年。そのおよそ50年後、最大の公害である「原発事故による放射線汚染」が起きた。それは、今後、地震の多発や異常気象の下、「福島」だけではない。日本の、世界の、どこにでも起こりうることである。原発事故や現在の新型コロナウイルス蔓延は、科学万能と奢ってきた人類に「今の人知では制御不能」なものがあることを突き付けているのではないだろうか。それでも、あの過酷な事故が忘れさられようとしており、原発再稼働も始まっている。ここで必要なことは、立ち止まって考えること。事実を直視すること。思考停止ではなく、「地震や自然災害多発のこの国に、原発はいらない」という、単純明快な判断を国民が共有していくことではないだろうか。

「人」は一人ではなく、つながってこその「人」であり、その一人一人が、後世の時代につながっていく一つの鎖となる。過去から未来への連鎖の中で、その方向を決めているのは、意識的であれ、無意識であれ、今生きている人々すべてである。人類が未来へ生き延びる道はどこにあり、何を第一義に考えなければならないのか。その時に、「その時代に生きた一人の人間の事実の記録」は一つのヒントになるのではないか。この書は、彼女の次世代へのメッセージとしての意味を持たないだろうか。

そんな私の思いを、後押ししてくれたのが旧友・関富士子さんであった。彼女は、優しく聡明なまなざしで、病床の私に率直な言葉を寄せてくれた。それが私に勇気を与えてくれた。今、この書をここに上梓できたことは、関さんの励ましがあったからに他ならない。改めて深い感謝を捧げたい。

また、記憶を次世代に伝えたいという彼女の思いの実現のために、本書は、デジタルに馴染んだ若い世代の目に留まることを願って、並行して電子書籍化も行っていく。このことでいろいろご便宜を図ってくださった本の泉社の角谷さんのご協力にも感謝を捧げたい。

ここにあるのは、名もない一人の女性の日々の記録である。説明が必要と思われるところに脚注はつけたが、「彼女の思いをできる限りそのままに」と、極力手を加えずにおいたということもお断りしたい。この日記の使用を快諾してくれたご遺族はじめ、多くの方のご協力を得て彼女の、没後3年目にこの書を送り出せたことに、改めて深い感謝を捧げたい。

2021年9月　　櫻井　和代

櫻井 和代（さくらい かずよ）

1950年 福島県生まれ。佛教大学社会福祉学科卒業。
著書に『こんにちは。ホームヘルパーです』（リヨン社）、『ホームヘルパーと「訪問介護計画」』（本の泉社）、『ホームヘルプ労働の自立と未来』（本の泉社）、『介護保険が「介護」をつぶす』（ヒポ・サイエンス社）、『介護職員研修テキスト』（中央法規出版）、『訪問介護計画作成 おたすけべんり帳』（日総研出版）ほか。

風の里から――原発事故7年目の死

2021年11月6日 初版第1刷発行

著 者●櫻井和代（さくらいかずよ）

発行者●新舩海三郎

発行所●株式会社 本の泉社
〒112-0005 東京都文京区水道2-10-9 板倉ビル2F
TEL 03-5810-1581 FAX 03-5810-1582
mail@honnoizumi.co.jp
https://www.honnoizumi.co.jp

DTP●株式会社 西崎印刷

印刷・製本●亜細亜印刷 株式会社

ISBN978-4-7807-1828-7 C0095